超有料！

職場第一實用的
AI工作術

感謝您購買旗標書,
記得到旗標網站
www.flag.com.tw
更多的加值內容等著您…

<請下載 QR Code App 來掃描>

● FB 官方粉絲專頁：旗標知識講堂

● 旗標「線上購買」專區:您不用出門就可選購旗標書！

● 如您對本書內容有不明瞭或建議改進之處,請連上
  旗標網站,點選首頁的 聯絡我們 專區。

  若需線上即時詢問問題,可點選旗標官方粉絲專頁
  留言詢問,小編客服隨時待命,盡速回覆。

  若是寄信聯絡旗標客服 email,我們收到您的訊息
  後,將由專業客服人員為您解答。

  我們所提供的售後服務範圍僅限於書籍本身或內
  容表達不清楚的地方,至於軟硬體的問題,請直接
  連絡廠商。

  學生團體　　訂購專線：(02)2396-3257 轉 362
  　　　　　　傳真專線：(02)2321-2545

  經銷商　　　服務專線：(02)2396-3257 轉 331
  　　　　　　將派專人拜訪
  　　　　　　傳真專線：(02)2321-2545

國家圖書館出版品預行編目資料

超有料！職場第一實用的 AI 工作術 - 用對工具讓生產力
全面進化！／施威銘研究室作. -- 臺北市：旗標科技股份有
限公司, 2024.07　　面；　公分

ISBN 978-986-312-799-4(平裝)

1.CST: 人工智慧　　2.CST: 職場成功法

312.835　　　　　　　　　　　　　113008262

作　　者／施威銘研究室

發 行 所／旗標科技股份有限公司

　　　　　　台北市杭州南路一段15-1號19樓

電　　話／(02)2396-3257(代表號)

傳　　真／(02)2321-2545

劃撥帳號／1332727-9

帳　　戶／旗標科技股份有限公司

監　　督／陳彥發

執行企劃／張根誠

執行編輯／張根誠、王菀柔

美術編輯／林美麗

封面設計／陳憶萱

校　　對／張根誠、王菀柔

新台幣售價：599 元

西元 2024 年　10　月 初版 4 刷

行政院新聞局核准登記-局版台業字第 4512 號

ISBN　978-986-312-799-4

序

在職場上，舉凡資料整理／會議、訪談記錄抄寫／閱讀、資料蒐集／收發信／做簡報／翻譯／客服／合約處理／資料分析／資料視覺化／寫程式／設計廣宣圖像／修圖／寫文案、SEO 行銷／做廣宣影片...

不管哪一項工作，都免不了耗費我們大把時間。一直以來，也有不少工具可以減輕這些負擔，例如為了擺脫反覆複製/貼上...複製/貼上...的整理工作，很多人會去學 Excel 便利技、函數，甚至有些人會進一步學 VBA 或 Python 程式，希望程式能取代一些人工操作。學這些都很好，但，從現在開始，**能懂得用 AI 更好！**

☑ 30 大 AI 工具的職場應用技, 讓生產力全面進化！

自從 ChatGPT 發表以來，AI 已經不再只是科幻電影中的夢幻技術，很多人已經把它當作實實在在的工作夥伴。而且除了 ChatGPT 外，還有超級多 AI 工具問世，但要如何活用種種工具則是項大挑戰。市面上雖然有不少 AI 職場、AI 工具書，但不少只教工具介面操作，範例也不夠職場面，很容易用到最後不知道這些 AI 要用在哪裡而晾在一旁...

放心，本書就是為此而生的！本書的精神很簡單：凡工作上遇到 AI 可以幫上忙的地方，書中都會示範如何用合適的 AI 工具來協助！每一個 AI 進化技保證讓您用了讚嘆不已，驚呼「這豈不是比傳統做法快 N 倍！！！」。**上述這些您知道後一定想學、但一定不希望老闆、同事們知道您會 (噓~~ ☺) 的 AI 職場進化技盡在本書！**

最後，請切記！以後但凡您有任何「做苦工」、「又得挑燈夜戰了...」的念頭，請隨時思考**是不是可以用 AI 來做？**。AI 時代已經來臨，千萬別再傻傻地一頭栽進去辛苦做事了！萬一大家都在用，您卻始終停留在原地用舊方法做事，豈不虧大...請以本書做為起點，一起迎接 AI 帶來的職場大變革吧！

書附檔案下載

　　為減少您演練時手動輸入的不便，我們將絕大多數的提示語 prompt 整理成文字檔，您可以直接複製內容，再貼到各個生成式 AI 平台上使用，同時也提供操作書中部分範例所需的檔案 (少數檔案有隱私爭議不便提供，還請見諒)。請連至以下網址下載，依照網頁指示輸入關鍵字即可取得檔案：

https://www.flag.com.tw/bk/st/F4153

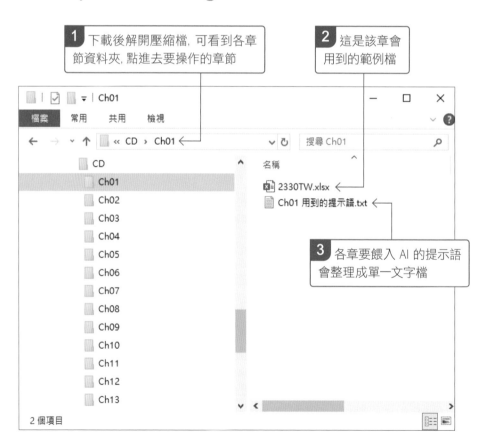

1 下載後解開壓縮檔，可看到各章節資料夾，點進去要操作的章節

2 這是該章會用到的範例檔

3 各章要餵入 AI 的提示語會整理成單一文字檔

☑ 操作 AI 工具的注意事項

本書的目標是讓讀者可以「零花費」上手學習大多數的 AI 工具，雖然滿多 AI 工具都有付費機制，但本書會儘量挑選**免費額度高、免費試用天數長**的工具，用來應付本書的範例多半綽綽有餘。若遇到實在得付費的情況，也會在內文建議其他的替代方案 (詳見各章內容)。

此外，目前生成式 AI 盛行，在使用上也延伸了不少問題，以本書**第 3、4 篇**會穿插使用的 **AI 生圖技巧**為例，目前國內尚無共識該如何使用生成式繪圖，也還沒有明確法律規範。在此提出幾點給各位讀者參考：

- **依照國外判例，生成的圖片沒有版權：**目前經濟部智慧財產局指出，AI 生成繪圖是否擁有著作權取決於 AI 在創作中的角色。如果 AI 僅是輔助工具，由人類輸入指令、調整修改，且作品是人類原創展現，那該作品就會受到著作權保障；但如果作品大多由 AI 獨立創作，非出自於人類意識或人類參與程度極低，那就不會受到著作權保障。

- **用 AI 生成的影像，請勿標示為自己的作品：**AI 繪圖無法完全確定資料來源，圖庫可能會包含到世界各地繪者的創作；在這樣的情形下，如果拿 AI 生成圖宣稱是自己的作品，就可能侵害到繪者的智慧財產權，讓創作族群感到冒犯。為避免誤解甚至衍生爭議，請還是不要將 AI 生成圖標示為個人作品。

- **若是再製作品，也建議標註說明 AI 繪製的部分：**目前有不少設計師、行銷人員會採用 AI 繪圖做為輔助，為了避免事後衍生任何爭議，若作品繪製過程有使用到任何 AI 繪圖服務，建議可以在作品使用工具加註說明。

至於**第 4 篇**我們也會提到如何在職場上活用**音樂 / 影片 AI 工具**，相關商用規定以及免費 / 付費的使用規則我們也會在內文遇到時為您說明，還請多加注意。

目錄

第 一 篇　辦公室作業神隊友！用 AI 全面優化日常繁重工作

Chapter 1　資料整理 AI
免手工、比程式還，要整理資料就 call AI！

Chapter 2　會議、訪談 AI 助理
逐字稿 key-in、待辦事項整理，繁瑣事通通交給 AI

Chapter 7 客服 AI — 留言擬稿、產品疑難解答,AI 讓小編、客服變輕鬆!

Chapter 8 合約處理 AI — 擬專業條文、白話文解釋,AI 輕鬆搞定合約大小事!

第 二 篇　資料分析與程式設計 AI 組合技！技術小白、職場老手全適用!

**第 三 篇　廣宣製作、文案、
　　　　　網站行銷的 AI 應用技**

Chapter
12

**廣宣圖像
生成 AI**　　海報、社群貼文圖片、
　　　　　　　美編素材⋯通通請 AI 代勞

Chapter 13 修圖 AI — 一秒消除雜物、合成背景，輕鬆成為 P 圖大師

Chapter 14 寫文案、SEO 行銷 AI — 文案、新聞稿、埋關鍵字、網頁體檢…通通請 AI 操刀！

第 四 篇　AI 影音行銷助手

Chapter 15　語音 AI、　自動旁白、背景音樂、廣告歌，　音樂 AI　用 AI 生成最 Easy！

Chapter 16　影音 AI　宣傳動畫、教學影片、　酷炫電子報，全交 AI 操刀！

Appendix
A

本書常用 AI 工具的取得說明

本書使用 AI 一覽

1

CHAPTER

資料整理 AI

免手工、比程式還快，
要整理資料就 call AI！

表格、數據資料的整理是職場上再尋常不過的工作,以往要整理資料時,為了擺脫反覆複製/貼上...複製/貼上...的機械化操作,很多人會去學 Excel、函數,甚至有些人會進一步學 VBA 或 Python 程式,希望程式能取代一些人工操作。學這些都很好,但,**能懂得用 AI 更好!**

　　無論你是想做資料的搬移,或是從文件中篩選出資料再做整理,只要用對 AI 工具,不用複雜的操作、也不用寫程式,輕鬆就可以搞定繁雜的整理工作。我們也希望透過本章,帶你快速領略 AI 的奧妙!

1-1　用 AI 幫忙處理複雜的表格資料

使用 AI Excel GPT (GPT 機器人)

　　快速看個範例。如右圖所示,假設有一大筆資料通通匯整在同一個工作表內,我們希望這些資料能依不同「月份」,切割存於不同的「2021/7」、「2021/8」…工作表內:

A	B	C	D	E	F	G
Date	Open	High	Low	Close	Adj Close	Volume
2021/7/7	590	594	588	594	582.5336	16966158
2021/7/8	595	595	588	588	576.6494	21140426
2021/7/9	582	585	580	584	572.7266	29029415
2021/7/12	595	597	590	593	581.5529	31304547
2021/7/13	600	608	599	607	595.2826	52540315
2021/7/14	613	615	608	613	601.1668	38418875
2021/7/15	613	614	608	614	602.1474	22012834
2021/7/16	591	595	588	589	577.6301	57970545
2021/7/19	583	584	578	582	570.7652	40644341
2021/8/3	594	594	590	594	582.5336	22747702
2021/8/4	598	598	594	596	584.4949	20313271
2021/8/5	598	598	593	596	584.4949	15116242

▶ 目前各月份全混在同一個表格內,想要把不同月份放到不同的工作表,怎麼做比較快呢?

　　一般的情況下可能要辛苦的開新工作表、複製、貼上、開新工作表、複製、貼上… 來完成。**但切記!**以後但凡你有任何「做苦工」的念頭,請隨時思考「**是不是可以用 AI 來做?**」,AI 時代,別再傻傻地一頭栽進去辛苦做事了,本書就是為此而生的!

先簡單介紹本節將使用的 **GPT 機器人**吧！相信不少人都聽過 ChatGPT、Copilot、Gemini…這些響叮噹的 AI 聊天機器人大名，它們都是人工智慧技術的產物，可以使用自然語言與我們對話，我們也可以利用各種**提示語** (prompt, 即與 AI 溝通所用的文字) 向它們問問題，或請它們幫我們做事。本書介紹的不少工具都需要跟這類的 AI 聊天機器人溝通，如果您還不太熟悉 AI 聊天機器人的使用方式，請先參考**附錄 A-1 節** (在本書最後面) 快速了解一下。

而 GPT 機器人是什麼呢？它是從最著名的 ChatGPT 聊天機器人所衍生出來的工具，簡單說它是把跟 ChatGPT 機器人溝通的技巧整合起來並事先設定好，打造出針對特定目的之智慧機器人。我們可以把它當成某個領域的專家，用口語跟它溝通、問問題就可以，省去構思提示語的麻煩。例如 **Excel GPT**，如同其名，就是處理 Excel 問題的 AI 專家啦！

接著就來看怎麼做吧！由於每個 GPT 機器人都已經事先設定好客製化的 prompt，不需要費太多心思思考如何下 prompt，可以直接白話詢問，而且筆者的經驗是，滿多 GPT 機器人會以「問答的方式」跟我們互動，用法上更簡單：

1 GPT 機器人可透過 **GPT 商店** 來找到 (若不曉得如何使用，請參考附錄 A-2 節)，直接以關鍵字搜尋 **Excel GPT**：

在 GPT 商店搜尋找到此 GPT 機器人

下方會列出可能的 GPT，有些很像，若怕搞混，可由作者欄或圖示來確認是不是您要找的

2 Excel GPT 機器人有設計一些現成的功能, 可以直接點擊使用:

例如這裡點擊**重整資料** (Reorganise data mode) 模式

3 由於不少 GPT 機器人是國外人士開發的, 引導畫面免不了使用英文, 但跟 ChatGPT 偶爾會回答英文一樣, 我們一樣可以用中文溝通, 也可以請 GPT 機器人以繁體中文回答:

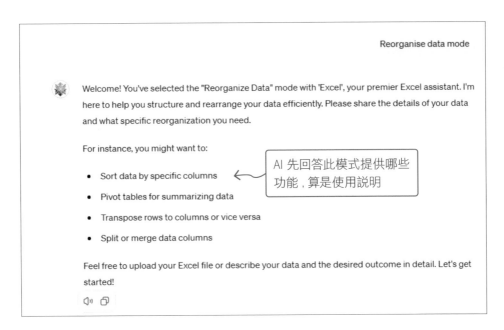

歡迎！您已選擇使用「重新組織數據」模式。'Excel' 是您的首選 Excel 助手，我會幫助您有效地結構和重新安排數據。請分享您的數據細節和具體的重組需求。

例如，您可能想要：

- 按特定列排序數據
- 使用數據透視表來匯總數據 ← 轉譯的內容都不難理解
- 將行轉置為列，或將列轉置為行
- 拆分或合併數據列

請隨時上傳您的 Excel 文件，或描述您的數據和期望的結果。我們開始吧！

 接下來很簡單, 直接把電腦內希望處理的檔案拖曳到瀏覽器內, 然後告知希望 AI 幫我們如何處理 :

 歡迎！您已選擇使用「重新組織數據」模式。'Excel' 是您的首選 Excel 助手，我會幫助您有效地結構和重新安排數據。請分享您的數據細節和具體的重組需求。

例如，您可能想要：

- 按特定列排序數據
- 使用數據透視表來匯總數據
- 將行轉置為列，或將列轉置為行
- 拆分或合併數據列

請隨時上傳您的 Excel 文件，或描述您的數據↓望的結果。我們開始吧！

⚏ 2330TW.xlsx 試算表 ← **1** 拖曳檔案到對話框

📎 幫我區分各月的資料 ← **2** 描述你的需求

3 點擊進行處理

這是您的數據的結構。現在，我們可以將每月的數據區分開來。下面是將數據按月份進行區分並另存為新表格的方法。

我們將：

1. 將 `Date` 列轉換為日期格式。

2. 按月份對數據進行分組。

3. 將分組結果保存為一個新的 Excel 文件，其中每個月份的數據在一個單獨的工作表中。

> 請稍等，我將為您處理這個過程。 [>_]

處理中

 5 看到下圖，**疑～處理好啦？！**本例 Excel GPT 提供了處理後的檔案讓我們下載 (如果沒有，也可以跟它繼續聊，試著請它提供)：

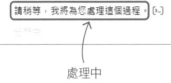 這是您的數據的結構。現在，我們可以將每月的數據區分開來。下面是將數據按月份進行區分並另存為新表格的方法。

我們將：

1. 將 `Date` 列轉換為日期格式。

2. 按月份對數據進行分組。

3. 將分組結果保存為一個新的 Excel 文件，其中每個月份的數據在一個單獨的工作表中。

請稍等，我將為您處理這個過程。 [>_]

已經將您的數據按月進行區分並保存為新的 Excel 文件。您可以下載該文件：

下載 2330TW_monthly_data.xlsx [>_]

點擊連結即可下載

點擊這裡，可以進一步了解 AI 是如何處理的

原來是撰寫程式來處理, 有了 AI 後非常省事, 學程式、寫程式的時間都省下來了

開啟處理後的檔案，可以看到各月的資料都自動分到不同的工作表囉：

	A	B	C	D	E	F	G	H
1	Date	Open	High	Low	Close	Adj Close	Volume	Month
2	2021-07-07 00:00:00	590	594	588	594	582.5336	16966158	2021-07
3	2021-07-08 00:00:00	595	595	588	588	576.6494	21140426	2021-07
4	2021-07-09 00:00:00	582	585	580	584	572.7266	29029415	2021-07
5	2021-07-12 00:00:00	595	597	590	593	581.5529	31304547	2021-07
6	2021-07-13 00:00:00	600	608	599	607	595.2826	52540315	2021-07
7	2021-07-14 00:00:00	613	615	608	613	601.1668	38418875	2021-07
8	2021-07-15 00:00:00	613	614	608	614	602.1474	22012834	2021-07
9	2021-07-16 00:00:00	591	595	588	589	577.6301	57970545	2021-07
10	2021-07-19 00:00:00	583	584	578	582	570.7652	40644341	2021-07
11	2021-07-20 00:00:00	579	584	579	581	569.7845	15354333	2021-07
12	2021-07-21 00:00:00	586	586	580	585	573.7073	25828732	2021-07
13	2021-07-22 00:00:00	589	594	587	591	579.5916	26058172	2021-07
14	2021-07-23 00:00:00	592	592	583	585	573.7073	15271451	2021-07
15	2021-07-26 00:00:00	591	591	580	580	568.8038	21619179	2021-07
16	2021-07-27 00:00:00	581	584	580	580	568.8038	17785992	2021-07
17	2021-07-28 00:00:00	576	579	573	579	567.8231	36158305	2021-07
18	2021-07-29 00:00:00	585	585	577	583	571.7459	23224896	2021-07
19	2021-07-30 00:00:00	581	582	578	580	568.8038	18999281	2021-07
20								

2021-07 | 2021-08 | 2021-09 | 2021-10 | 2021-11 | 2

開啟處理後的檔案, 各月的資料都分割到不同的工作表了。以往光新增這麼多空白工作表, 煩都煩死了, 現在用 AI 輕鬆搞定!

請 AI 從繁雜的 PDF 抓數據、彙整成表格

使用 AI ▶ PDF Ai PDF (GPT 機器人)

　　有時候資料整理工作是需要從 A 文件中擷取出重點, 再整理成 B 表格, 再謄到 C 報告上....過程相當繁雜。老話一句, 請多思考這些繁瑣的爬梳、整理工作是不是可以用 AI 來做？本節我們就示範請 AI 全自動挖掘 PDF 文件裡面的產品數據, 並整理好表格給我們。底下準備改用 **PDF Ai PDF** 這個 GPT 機器人來示範：

1 參考附錄 A-2 節的說明, 在 GPT 商店搜尋找到 **PDF Ai PDF** 機器人, 點擊開啟它：

2 假設我們手邊有份產品型錄的 PDF 如下：

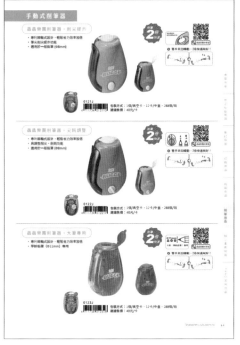

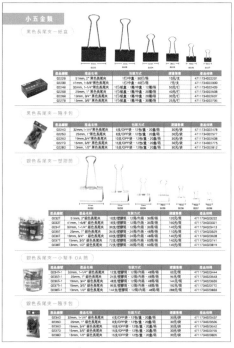

可以將這份 PDF 提供給 GPT 機器人，看是要做資料整理或者行銷建議都可以，這裡我們借重它來整理資料：

（上傳 PDF 檔）

我想要做特別促銷活動，幫我整理出 50 元以下的產品，以表格呈現

本書出現這個人物框就表示「輸入提示語給 AI」。而書附下載檔也可以找到人物所說的提示語文字檔，省卻手動 key 字的麻煩

全產品型錄.pdf
PDF

我想要做特別促銷活動，幫我整理出 50 元以下的產品，以表格呈現

1 上傳 PDF 並送出 Prompt

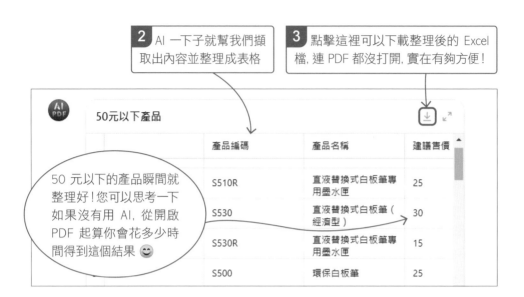

2 AI 一下子就幫我們擷取出內容並整理成表格

3 點擊這裡可以下載整理後的 Excel 檔, 連 PDF 都沒打開, 實在有夠方便!

50 元以下的產品瞬間就整理好!您可以思考一下如果沒有用 AI, 從開啟 PDF 起算你會花多少時間得到這個結果 😊

最後來看個筆者親身受惠的例子, 筆者在編輯本書的最後階段需要整理整本書的目錄, 也多虧了這個 AI 的幫忙, 省下了一大堆時間!

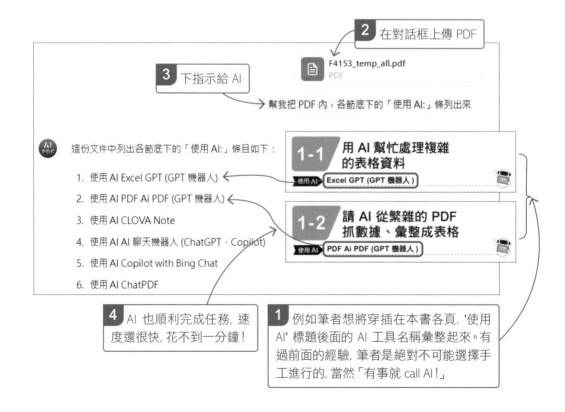

2 在對話框上傳 PDF

3 下指示給 AI

幫我把 PDF 內, 各節底下的「使用AI:」條列出來

4 AI 也順利完成任務, 速度還很快, 花不到一分鐘!

1 例如筆者想將穿插在本書各頁, '使用 AI' 標題後面的 AI 工具名稱彙整起來。有過前面的經驗, 筆者是絕對不可能選擇手工進行的, 當然「有事就 call AI!」

2

CHAPTER

會議、訪談 AI 助理

逐字稿 key-in、待辦事項整理，
繁瑣事通通交給 AI

2-1　用 AI 將會議／訪談語音檔一鍵轉成逐字稿

2-2　會議／訪談的逐字稿很亂？交給 AI 輕鬆整理

本章繼續來介紹職場上跟會議相關的資料整理工作。大小會議不斷早已是職場常態，**整理開會 (或訪談) 記錄**也是挺耗時的差事，負責記錄的人要嘛過程中拚命記，若會議／訪談時間很長，為了不遺漏重要訊息，多數情況可能會錄音起來，但事後的錄音檔整理也是不小的工程…

有了 AI 後這些繁瑣的工作再也不是問題囉！當我們手邊有會議 (或訪談) 的錄音／影片檔時，可以用 AI 一秒生成逐字稿，當然，若逐字稿過於冗長 (甚至是混亂...)，事後的整理、重點提取工作也可以交給 AI 繼續做。善用 AI，讓你再也不為記錄、整理工作煩心！

2-1 用 AI 將會議／訪談語音檔 一鍵轉成逐字稿

使用 AI CLOVA Note

如果您經常需要處理「**語音轉文字**」這樣的工作，在此要推薦 **CLOVA Note** 這個 AI 工具，這是 LINE 公司所開發的免費工具，只要有 LINE 帳號就能使用。它的厲害之處在於辨識的速度極快，可以在 30 秒內將 3 小時的錄音轉換成中文。而且 AI 還可以**分辨出不同的說話者**，使文字記錄讀起來更清楚。用 CLOVA Note 來幫助整理會議記錄和訪談記錄，從此跟「邊聽邊 key 字」的辛苦抄寫工作說掰掰吧！

☑ 登入 CLOVA Note 線上平台

CLOVA Note 是個線上服務工具，只要用 **LINE ID** 就可以登入使用。每次最多可以處理 180 分鐘的錄音檔，應付多數的會議／訪談時間綽綽有餘，而每個月的免費使用上限是 600 分鐘，相當夠用了。

CLOVA Note 的用法很簡單，首先連到官網 (https://clovanote.line.me/)，CLOVA Note 的網頁是日文介面，但其功能很簡單，您也可以使用瀏覽器的**翻譯**功能將網頁翻成中文。為了方便讀者閱讀，以下部分畫面會使用中譯後的結果：

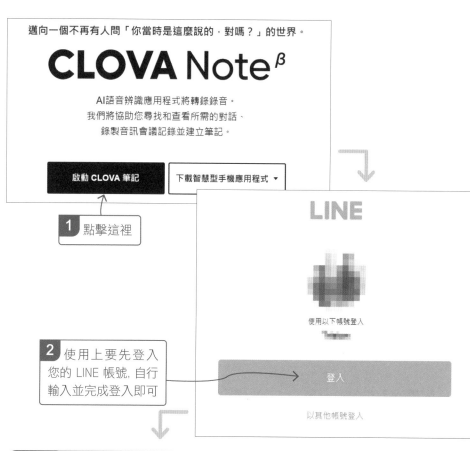

邁向一個不再有人問「你當時是這麼說的，對嗎？」的世界。

CLOVA Note β

AI語音辨識應用程式將轉錄錄音。
我們將協助您尋找和查看所需的對話、
錄製音訊會議記錄並建立筆記。

啟動 CLOVA 筆記　　下載智慧型手機應用程式 ▼

1 點擊這裡

2 使用上要先登入您的 LINE 帳號，自行輸入並完成登入即可

LINE

使用以下帳號登入

登入

以其他帳號登入

TIP 如果您不確定 LINE 的帳號跟密碼，可以打開手機 LINE 的右上角**設定**區，點擊**我的帳號 / 電子郵件帳號**來查看帳號：

17:31

我的帳號

基本資訊

電話號碼　　　　+886

電子郵件帳號　　@gmail.com

密碼　　　　　　設定成功
轉移帳號之前，請務必確認您已設定最新的密碼與電子郵件帳號。

Face ID　　　　開始同步

 Apple　　　　開始同步

G Google　　　開始同步

連動中的應用程式
透過 LINE 登入或允許存取而與 LINE 帳號連結的服務。

查看帳號

若密碼忘了，也可以在此重設一個

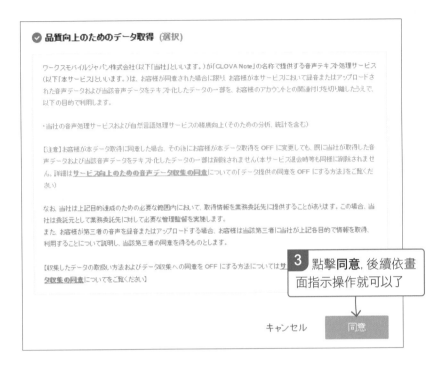

☑ 上傳錄音檔, 用 AI 轉成逐字稿

登入網站後, 以下是上傳錄音檔並轉成文字的操作示範:

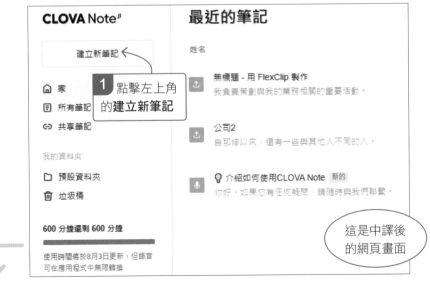

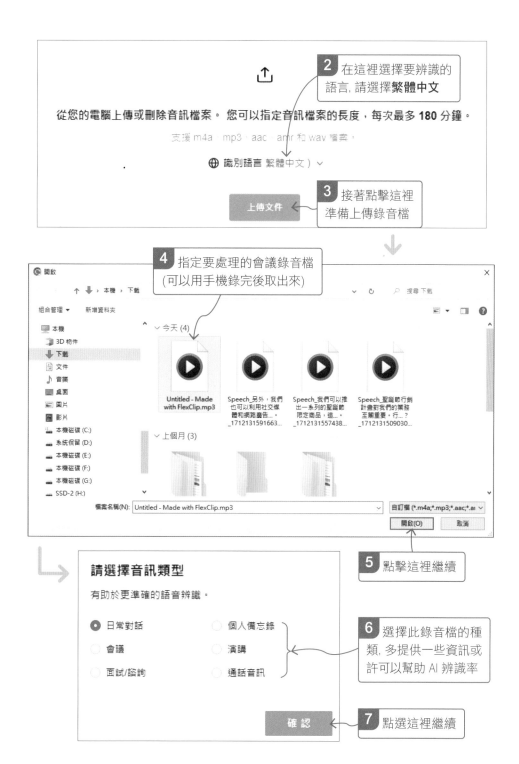

2 在這裡選擇要辨識的語言, 請選擇**繁體中文**

從您的電腦上傳或刪除音訊檔案。 您可以指定音訊檔案的長度，每次最多 **180** 分鐘。

支援 m4a、mp3、aac、amr 和 wav 檔案。

🌐 識別語言 繁體中文) ∨

3 接著點擊這裡準備上傳錄音檔

上傳文件

4 指定要處理的會議錄音檔 (可以用手機錄完後取出來)

5 點擊這裡繼續

請選擇音訊類型

有助於更準確的語音辨識。

- ● 日常對話
- ○ 個人備忘錄
- ○ 會議
- ○ 演講
- ○ 面試/諮詢
- ○ 通話音訊

6 選擇此錄音檔的種類, 多提供一些資訊或許可以幫助 AI 辨識率

確認

7 點選這裡繼續

接著靜待上傳、AI 做逐字稿摘錄工作即可：

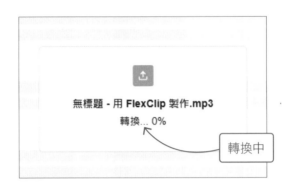

無標題 - 用 FlexClip 製作.mp3
轉換... 0%

轉換中

9 依不同說話者, AI 會自動標記為 "參加者 1","參加者 2"⋯ 等

10 如果需要修改文字內容, 點擊這裡後就可以修改的文字稿

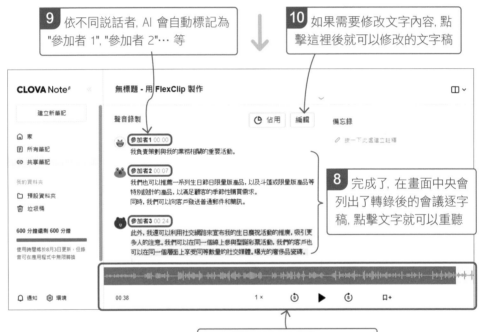

8 完成了, 在畫面中央會列出了轉錄後的會議逐字稿, 點擊文字就可以重聽

可以在這一區播放原始錄音, 若需要, 可以邊聽邊修改文字稿

TIP 當然, 會議過程通常都是你一言我一語, 偶爾還會偏離主題, 因此從錄音檔轉出來的逐字稿極可能不會像上圖那麼「乾淨」, 當內容很亂時雖然可以自行整理, 但**別忘了我們有 AI 啊！**下一節我們會示範這種情況該如何處理。

☑ 註記發話者，讓會議 / 訪談記錄更易懂

點擊參加者旁邊的 ✎ 圖示可以自訂名稱，例如，副總、同事某某某…等，可以更清楚識別誰在講話。

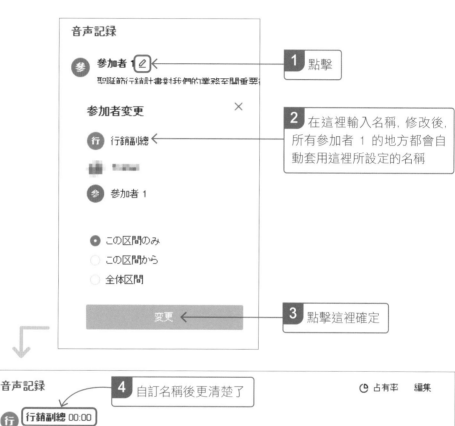

☑ 共享 CLOVA Note 會議記錄

編輯完成後，你可以從畫面右上角的**共享**按鈕 ↪ 將逐字稿分享給需要了解細節的相關人，或者因會議撞期無法參加的同事，這可是比一般簡易的記錄更如臨會議現場。若會議內容很多讀起來花時間，逐字稿也方便同事們再利用 AI 來擷取重點 (下一節會介紹怎麼做)：

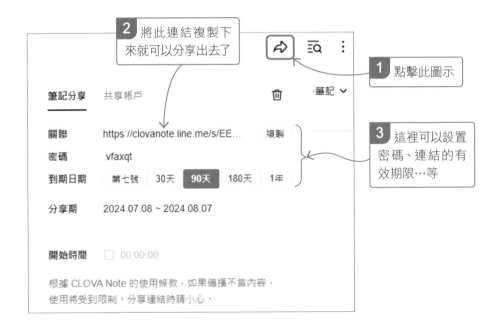

若您需要將會議記錄以檔案形式保存下來，也可透過右上角的**更多**圖示來進行：

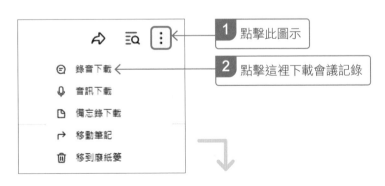

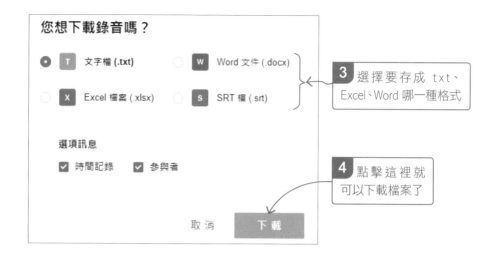

3 選擇要存成 txt、Excel、Word 哪一種格式

4 點擊這裡就可以下載檔案了

☑ 登錄常用辭彙, 提升 AI 的辨識率

最後還有一個地方一定不要忘了。CLOVA Note 裡面可以登錄一些 **"常用詞彙"**, 您可以將公司會議中常出現的專業術語和常用詞加入, 試著增加 AI 的語音辨識率。像**人名、公司名、產品名**這些常在會議中出現的詞, 一定要登錄進去, 最多可以新增 500 個詞彙:

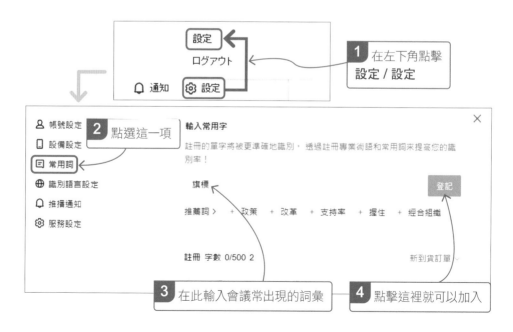

1 在左下角點擊 設定 / 設定

2 點選這一項

3 在此輸入會議常出現的詞彙

4 點擊這裡就可以加入

本節是用會議 / 訪談的「**錄音**」檔來示範, 如果你手邊的是「**影片**」檔, 當然也可以利用 AI 擷取出說話的文字稿 (前提是**影片內的說話聲要夠清楚**), 這種自行錄製的影片當然多半沒有字幕檔, 此時可以用後續 3-4 節介紹的技巧, 以 Video Insights 或 youtube-whisper AI 等工具來分析影片、擷取文字, 有相關需求的話請見該節的說明。

2-2 會議 / 訪談的逐字稿很亂？交給 AI 輕鬆整理

使用 AI AI 聊天機器人 (ChatGPT、Copilot、Gemini…都可以)

在漫長的會議中, 難免發言會偏離會議主軸, 而且免不了的, 發言者們說話時一定會穿插很多贅字, 這都很正常！但這些都**勢必影響 AI 的辨識率**, 結果就是雖然我們得到了一份會議 / 訪談逐字稿, 但內容實在亂的不得了, 一點動手編輯的念頭都沒有…

```
📄 公司 2.txt - 記事本                                    —    □    ×

檔案(F)   編輯(E)   格式(O)   檢視(V)   說明

參加者 7 48:10
那你如果不要用那個眼睛之腿才可以啊就是一樣可以就是造造你最簡單的做完全的寫法也可以。
甚至跟他拍好那個神奇的動作你也可以自己一個一個可以他只是說因為他這些模組都有這種。
非常沒去可是心法所以你只要寫一兩層次就可以搞定很多事情本就自己做的動作

參加者 7 49:25
然後那因為他會把這一對資料設定給那個包後面的內組變數。
那在拍成裡麵團可以這樣設雖他不把每個人取出來的這一對跟變數的那一對相對應的位置。

參加者 7 49:52
是敲幾個字就可以做很多用其他的人家敲很多字才能做的事。
但就會被人是如果你不熟悉那個兩法的話就會覺得奇怪他看了繩子在洗手。

參加者 2 50:16
加上那個第一個方法他只把它轉成一個蟹是生剖然後。
第二個圍度是握德英仔的那個那個戰略舉震嘛對。
可是他那個窩音得子到底是什麼只是看不太懂。

參加者 2 50:37
第一個方第一個方法他不是打短的那個謝為真跟臥的應得。

參加者 2 50:55
那一萬一萬個我跟第一個方法是累死。  只是它是用素質。
```

▲ 以筆者用 CLOVA Note 抓取的這份逐字稿為例, 看得出來是一場 AI 技術討論會議嗎…(筆者誠實的說「不行」😣, 而且有點想棄用這份逐字稿…)

但，老話一句，**別忘了我們有 AI 啊**！ChatGPT、Copilot、Gemini…這些聊天機器人都是分析語意的高手。當您遇到上述情況時，不妨將逐字稿內容全數餵入 AI 聊天機器人整理看看，結果可能會出乎您想像喔！

職場生產力 UP

又或者，在漫長的會議中，時不時會穿插一些重要的**待辦事項**，如果會議記錄還算簡短，要整理待辦事項非常簡單，但萬一會議冗長，或是 AI 抓下來的逐字稿超級亂，在密密麻麻的文字中要如何快速整理出待辦事項呢？一樣，交給 ChatGPT 這些 AI 聊天機器人試試吧！

☑ 請 AI 聊天機器人整理紊亂的會議逐字稿

底下筆者就試著用 ChatGPT 整理「看起來不太能用」的會議逐字稿，請 AI 試著消化，看看能否整理出像樣一點的內容：

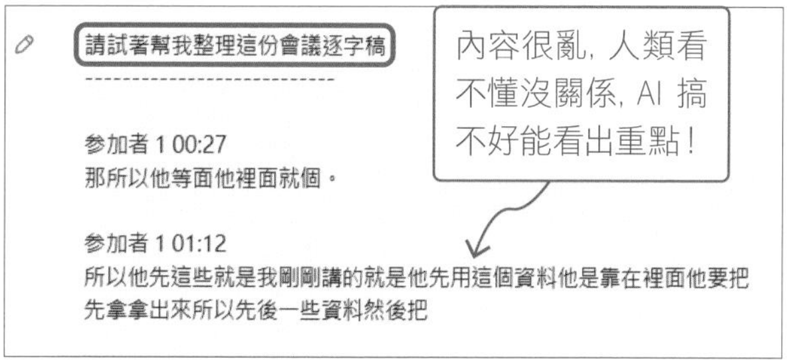

> 🖉 請試著幫我整理這份會議逐字稿
> ----------------------------
>
> 參加者 1 00:27
> 那所以他等面他裡面就個。
>
> 參加者 1 01:12
> 所以他先這些就是我剛剛講的就是他先用這個資料他是靠在裡面他要把先拿拿出來所以先後一些資料然後把

內容很亂，人類看不懂沒關係，AI 搞不好能看出重點！

本例 ChatGPT 處理的結果如下：

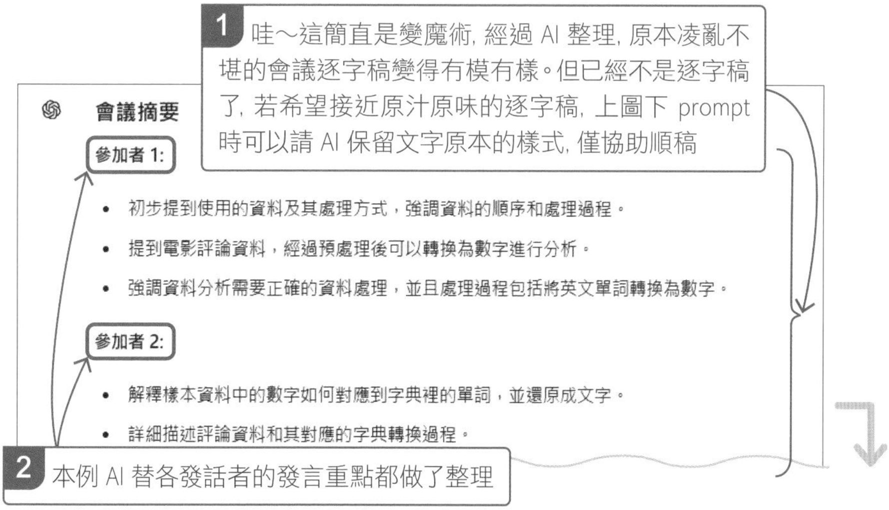

1 哇～這簡直是變魔術，經過 AI 整理，原本凌亂不堪的會議逐字稿變得有模有樣。但已經不是逐字稿了，若希望接近原汁原味的逐字稿，上圖下 prompt 時可以請 AI 保留文字原本的樣式，僅協助順稿

> ⑤ **會議摘要**
>
> 參加者 1：
>
> • 初步提到使用的資料及其處理方式，強調資料的順序和處理過程。
>
> • 提到電影評論資料，經過預處理後可以轉換為數字進行分析。
>
> • 強調資料分析需要正確的資料處理，並且處理過程包括將英文單詞轉換為數字。
>
> 參加者 2：
>
> • 解釋樣本資料中的數字如何對應到字典裡的單詞，並還原成文字。
>
> • 詳細描述評論資料及其對應的字典轉換過程。

2 本例 AI 替各發話者的發言重點都做了整理

4. 技術細節：

- 討論資料處理過程中的技術問題，如樣本資料的數字對應和字典轉換。

- 關於數據結構和程式碼實現的一些具體操作和方法。

會議結論

- 本次會議主要集中在資料預處理和神經網路的分類方法上，對於如何有效處理和使用評論資料進行了詳細討論。

- 各位參加者對資料轉換、多維度資料和技術細節提出了寶貴的見解，為後續的資料分析和神經網路訓練提供了方向。

3 AI 也根據文字語意整理出該會議的結論

4 也可以請 AI 試著整理出待辦事項

此會議是否有什麼待辦事項

 根據會議內容，以下是會議的待辦事項：

1. **資料處理和預處理**

- 參加者 1 和 2：繼續完善資料的預處理，確保所有英文評論轉換為數字格式並進行標註。

- 參加者 2：針對預處理過程中的細節進行檢查，確保轉換的數字準確對應到字典中的單詞。

2. **神經網路訓練**

- 參加者 5 和 6：設計並測試神經網路模型，確保分類準確性。

- 參加者 5：確認網路輸出層的設計是否適合目前的數據格式，並進行必要的調整。

5 整理後的結果

看到這裡應該非常佩服 AI 吧！果然就是**人類看不懂的，AI 搞不好看的懂**！但請切記，內容看起來很像樣沒錯，但也不能排除 AI 虛構的可能性喔！要用的話，請務必好好驗證內容的真實性，總歸一句，AI 生成的內容不能照單全收！

職場生產力 UP

無論如何，從提升職場生產力的角度來看，本例 ChatGPT 還是提供了極大的幫助，因此當您準備進行繁瑣的整理工夫 (甚至準備棄用逐字稿) 前，可以先利用 AI 一鍵整理看看喔！

3

CHAPTER

閱讀、資料蒐集 AI

網頁、影片、PDF⋯，
用 AI 讀資料、找資料最快！

1-2 節提到工作中經常需要從一大堆資料中獲取資訊, 例如做市場研究需要反覆爬文找出消費趨勢、提案準備過程需要從大量報告和研究資料中提取關鍵數據。而遇到的資料類型也是五花八門, 網頁、影片、報告、研究資料、PDF...應有盡有, 各種資料都需要花費大量時間來爬梳、整理, 長久下來, 耗費的精力相當可觀...

本章就繼續來看如何將各式各樣的**資料閱讀、蒐集工作**通通交給 AI, 讓這些任務自動化完成, 成為您職場上的得力助手!

3-1 讀文件、網頁、PDF... 的得力 AI 助手

使用 AI AI 聊天機器人 (ChatGPT、Copilot、Gemini、Claude... 都可以)

閱讀資料的得力助手首推 ChatGPT、Copilot...等 AI 聊天機器人, 不論想處理哪類型的資料, 把內容餵給 AI 聊天機器人先獲得初步概況最快!

我們以閱讀 Google 在 2020 年發表的〈Conformer〉語言辨識模型論文內容來做示範。這類專業的內容往往很難「啃」, 把資料交給 AI 消化內容後, 我們可以快速了解概況, 也可以再跟 AI 互動、發問, 整體閱讀效率會提高非常多。

☑ 複製文字或局部擷圖給 AI 摘要重點

先從**想知道某特定範圍的文件重點**來看吧!如果您在閱讀資料時, 對其中幾段話不理解, 或者想針對某些段落摘要出重點, 直接把相關文字複製、或擷圖下來, 請 AI 聊天機器人幫忙解讀就行了。

底下以 **ChatGPT** 聊天機器人 (https://chatgpt.com) 來示範，您要使用 Copilot 或其他聊天機器人都行 (若還不熟悉 AI 聊天機器人的使用方式，請先參考**附錄 A-1 節**熟悉一下)：

1 首先將想了解的文字複製下來

2 若文字無法複製，將該區擷圖下來也可以。讀者可用各種手段擷圖、用手機拍也行 (AI 很強得出來的！)

3 以文字為例，直接貼進 AI 聊天機器人的對話框

• **Conformer Encoder**

```
Our audio encoder first processes the input with
a convolution subsampling layer and then with a
number of conformer blocks, as illustrated in
Figure 1. The distinctive feature of our model
is the use of Conformer blocks in the place of
Transformer blocks as in [7, 19].
```

(下略)

請幫我用中文 (台灣用語)，整理出這段的重點

4 輸入提示語 (prompt)，簡單描述需求即可

当然可以，以下是这段的重点整理：

1. **音讯编码器结构**：

    - 使用卷积子抽样层进行初步处理。
    - 接著使用多个Conformer区块来进行处理。
    - 与以往模型不同的是，这里用Conformer区块取代Transformer区块。

2. **Conformer区块组成**：

    - 包含四个模组：前馈模组（Feed-Forward Module）、自注意力模组（Self-Attention Module）、卷积模组（Convolution Module）和第二个前馈模组。
    - 各模组的详细介绍：
        - 2.1节介绍了自注意力模组。
        - 1节介绍了卷积模组。
        - 2.3节介绍了前馈模组。
    - 2.4节描述了这些子区块的组合方式。

> 快速得到 AI 整理后的重点

　　看到了吧！以往可能需要花费大量的精力来阅读资料，特别在面对复杂技术文件时，光是翻译、理解字句就要花不少时间，现在利用 AI 可以快速获取重点，省下许多宝贵时间。

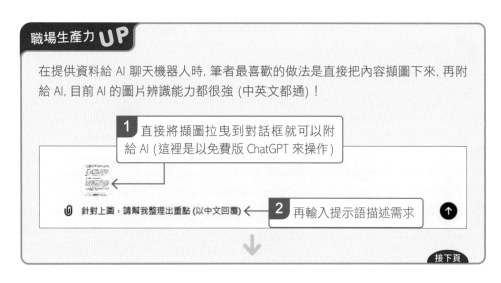

职场生产力 **UP**

在提供资料给 AI 聊天机器人时，笔者最喜欢的做法是直接把内容撷图下来，再附给 AI，目前 AI 的图片辨识能力都很强 (中英文都通)！

1 直接将撷图拉曳到对话框就可以附给 AI (这里是以免费版 ChatGPT 来操作)

📎 针对上图，请帮我整理出重点 (以中文回覆)　**2** 再输入提示语描述需求　↑

接下页

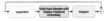

針對上圖，請幫我整理出重點 (以中文回覆)

🤖 圖中說明了一個語音編碼器的架構，重點整理如下：

1. Conformer編碼器：

- 使用卷積下採樣層處理輸入，然後通過多個conformer塊。

- 特色是用Conformer塊取代Transformer塊。

> **3** AI 輕鬆針對附圖提供重點整理

現階段無論是 ChatGPT、Copilot、Gemini...等都可以接收圖檔來做判讀，讀者要用哪個 AI 聊天機器人來操作都可以。不過提醒讀者，免費版的 ChatGPT 用戶雖然可以使用圖檔上傳功能，但仍會有用量的限制，當您對話到一半時，可能會出現無法繼續使用的訊息：

通知我們進階功能的使用達到上限
(此例的上傳圖檔就屬於進階功能)

點擊這裡可以關閉通知訊息，雖然可以繼續以舊模型來對話，但就無法上傳檔案

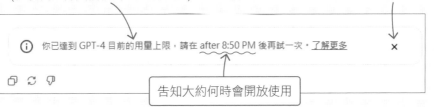

告知大約何時會開放使用

最後，當您遇到使用上述的使用限制通知時，可以先嘗試重新整理網頁，依筆者測試有時可以繼續使用。若真的被限用了，沒關係免費的 AI 聊天機器人多的是，當然，要付費升級成 ChatGPT Plus 版會員也行。

☑ 利用 AI 連網功能整理文件摘要

現階段許多 AI 聊天機器人都支援**連網**功能, 如果您要閱讀的是網頁、線上PDF...等, 我們只需將網址貼給 AI, 就可以迅速得到 AI 整理出的文章內容, 立即掌握核心要點。底下是以 ChatGPT 免費版來示範:

直接附網址給 AI

- https://arxiv.org/pdf/2005.08100
  請幫我用中文 (台灣用語), 整理出這份研究裡面的三個重點

請 AI 幫我們讀取線上網頁的內容, 並做重點摘要

---

https://arxiv.org/pdf/2005.08100
請幫我用中文 (台灣用語), 整理出這份研究裡面的三個重點

已搜尋 7 個網站

這份研究介紹了一種名為「Conformer」的新型架構, 旨在改進語音辨識的性能。以下是這份研究的三個重點:

1. **結合卷積和自注意力機制:**
   Conformer 架構將卷積神經網絡 (CNN) 與 Transformer 的自注意力機制相結合。這種結合利用 CNN 的局部特徵擷取能力和 Transformer 的全局上下文理解能力, 提升了語音辨識模型的性能 (ar5iv)。

2. **多層次的特徵擷取:**
   Conformer 在模型中引入了多層次的特徵擷取方法, 通過交替使用卷積層和自注意力層, 使模型能夠更好地捕捉語音信號的時域和頻域特徵, 進而提升語音辨識的準確性 (ar5iv)。

3. **實驗結果與性能提升:**
   實驗結果顯示, Conformer 在多個語音辨識基準測試中都達到了最先進的性能, 尤其是在 LibriSpeech 和 AISHELL-1 數據集上, 顯著優於之前的 Transformer 和 RNN 架構, 表明這種混合架構在處理語音辨識任務時具有強大的潛力 (ar5iv)。

這些重點表明, Conformer 結合了卷積和自注意力機制的優點, 能夠更全面地理解語音信號, 從而提升語音辨識的準確性和效能。

成功了, AI 順利讀取網頁並摘要出重點, 這比自己花時間爬文快多了!

此外，用 AI 聊天機器人的好處是可以繼續做**互動對話**，如果針對專有名詞想進一步瞭解，可以繼續下提示語，如此一來就省下了一個個去查找的時間：

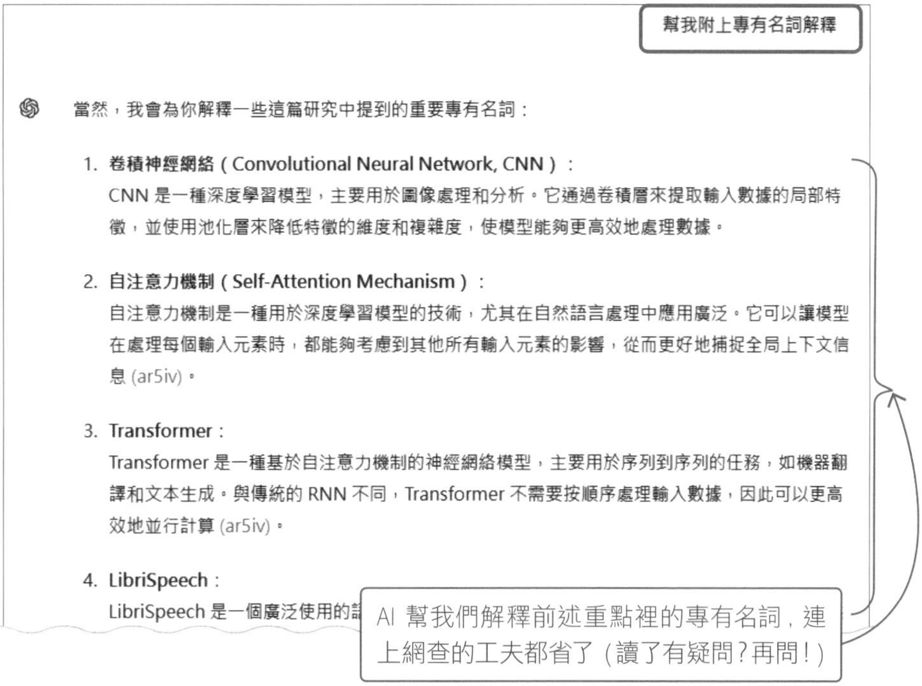

幫我附上專有名詞解釋

當然，我會為你解釋一些這篇研究中提到的重要專有名詞：

1. **卷積神經網絡（Convolutional Neural Network, CNN）：**
   CNN 是一種深度學習模型，主要用於圖像處理和分析。它通過卷積層來提取輸入數據的局部特徵，並使用池化層來降低特徵的維度和複雜度，使模型能夠更高效地處理數據。

2. **自注意力機制（Self-Attention Mechanism）：**
   自注意力機制是一種用於深度學習模型的技術，尤其在自然語言處理中應用廣泛。它可以讓模型在處理每個輸入元素時，都能夠考慮到其他所有輸入元素的影響，從而更好地捕捉全局上下文信息 (ar5iv)。

3. **Transformer：**
   Transformer 是一種基於自注意力機制的神經網絡模型，主要用於序列到序列的任務，如機器翻譯和文本生成。與傳統的 RNN 不同，Transformer 不需要按順序處理輸入數據，因此可以更高效地並行計算 (ar5iv)。

4. **LibriSpeech：**
   LibriSpeech 是一個廣泛使用的語...

AI 幫我們解釋前述重點裡的專有名詞，連上網查的工夫都省了（讀了有疑問？再問！）

TIP 依筆者測試，不管是 ChatGPT、Copilot、Gemini 等 AI 都可以連網查找資料，其中 ChatGPT 免費版在操作若遇到無法連網的情況，如同前述可能是進階功能的使用額度滿了，但依測試有時反覆問個幾次，ChatGPT 免費版還是可以順利完成連網搜尋、整理的工作：

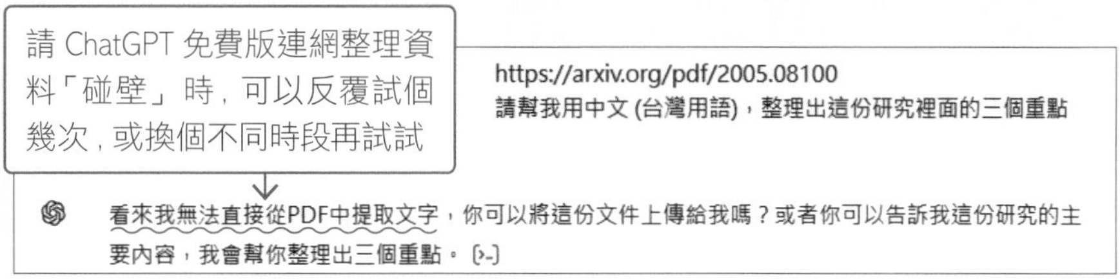

請 ChatGPT 免費版連網整理資料「碰壁」時，可以反覆試個幾次，或換個不同時段再試試

https://arxiv.org/pdf/2005.08100
請幫我用中文 (台灣用語)，整理出這份研究裡面的三個重點

看來我無法直接從PDF中提取文字，你可以將這份文件上傳給我嗎？或者你可以告訴我這份研究的主要內容，我會幫你整理出三個重點。🙂

當然，也可以依上圖 AI 的建議附檔案給它 (前提是網頁或 PDF 可以下載回來)，但同樣要注意上傳檔案同樣是 ChatGPT 的進階功能，免費用戶可能會動輒達到使用上限喔 (這時改成 Copilot、Gemini 等聊天 AI 即可)！

3-2 邊對照 PDF 邊向 AI 提問,效率提升超有感!

　　PDF 在職場上算是超常見的文件格式,市場分析師、法律顧問、研究人員...等,都面臨著高效處理大量文件的挑戰。依照前一節的技巧上傳 PDF 給 AI 聊天機器人摘要重點固然可行,但總是得在文件視窗、AI 聊天機器人視窗兩者間來回切換,對照起來並不是太方便。

　　考量到此需求,不少 PDF 閱讀 AI 便應運而生,這些工具可以讓我們在同一個視窗中閱讀 PDF 文件,並且同時與 AI 進行對話 (當然, 對話的根據都是 PDF 的內容), 這種一邊閱讀、一邊即問即答的方式更能提升閱讀 PDF 的效率。一起來看看怎麼做吧!

☑ 技巧 (一):開啟線上 PDF, 請 AI 擷取重點

使用 AI ▶ Copilot with Bing Chat

　　如同前述,其實很多 AI 工具都能幫我們閱讀 PDF 文件、做摘要,如果您想處理的是線上 PDF,筆者試用後覺得「**Edge 瀏覽器搭配 Copilot with Bing Chat**」的做法很值得推薦,因為可以在同一個瀏覽器頁次內完成「**閱讀 + 問 AI**」的工作,不必在各工具、瀏覽器頁次間來回切換。

　　首先請打開 Microsoft Edge 瀏覽器,點擊瀏覽器右上角的 ✦ 圖示來開啟 Copilot with Bing Chat, 接著如右圖檢查一些設定:

1 點擊這裡

```
A꙰  ★           >  □ 其他 [我的最愛]

                  □ ⟳ ⋮ ✕

           ↺ 全部延遲

  2 點擊通知和    ↺ 全部取消延遲
    應用程式設定
           ▤ 筆記型

           ⓘ 了解這項功能

           ◷ 通知與應用程式設定

           🔒 權限與隱私權
```

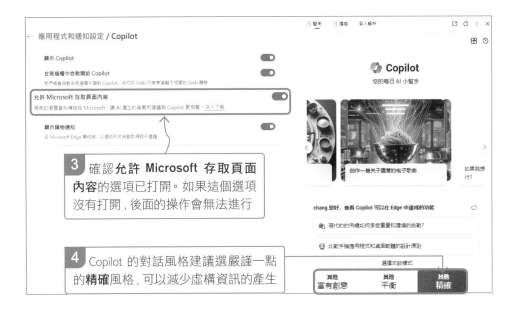

3 確認**允許 Microsoft 存取頁面內容**的選項已打開。如果這個選項沒有打開，後面的操作會無法進行

4 Copilot 的對話風格建議選嚴謹一點的**精確**風格，可以減少虛構資訊的產生

跟 Copilot 對話快速找出 PDF 重點

我們同樣以閱讀 Google 在 2020 年發表的〈**Conformer**〉語言辨識模型的線上 PDF 論文為例來做示範。

1 首先直接在 Edge 開啟論文網址 https://arxiv.org/pdf/2005.08100.pdf，右側的 Copilot 窗格會自動判斷出這是一個網頁文件，並提示我們可以進行哪些處理：

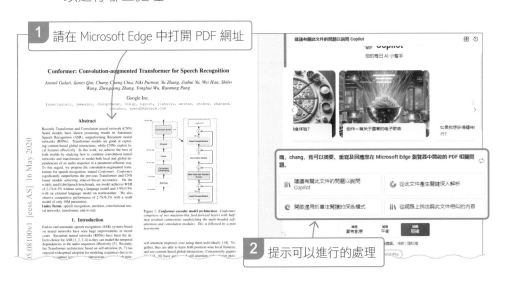

1 請在 Microsoft Edge 中打開 PDF 網址

2 提示可以進行的處理

2 要在 Copilot with Bing Chat 顯示的 PDF 中進行摘要很簡單, 如果提示語中有**生成文件摘要**, 直接點擊即可。如果沒有出現, 也可以手動輸入 "請摘要 PDF" 之類的提示語請 AI 做:

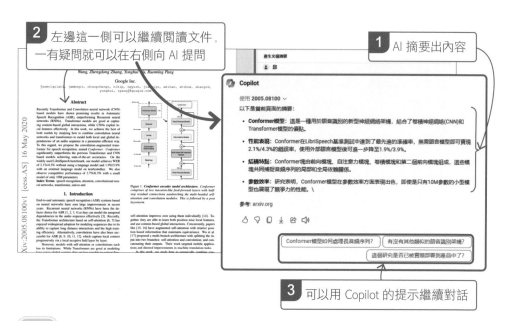

2 左邊這一側可以繼續閱讀文件, 一有疑問就可以在右側向 AI 提問

1 AI 摘要出內容

3 可以用 Copilot 的提示繼續對話

3 接著可以繼續下提示語來詢問:

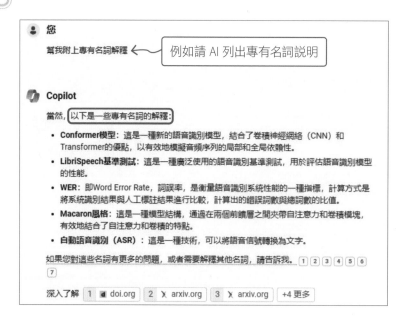

例如請 AI 列出專有名詞說明

4 當然, 也可以**問一些延伸問題**, 例如作者的相關背景, 依 Copilot 回覆的內容看起來, 它會幫我們自動上網搜尋相關資訊:

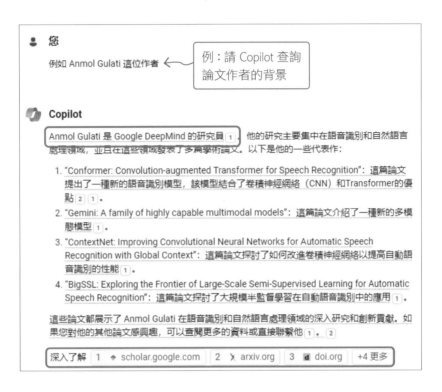

5 最後, AI 所摘要的內容可以複製下來使用, 也可以匯出。在匯出時可以選擇 **Word**、**PDF**、**txt** 三種文件格式, 可視需要來選擇:

☑ 技巧 (二)：讀入電腦端的 PDF 請 AI 擷取重點

使用 AI ChatPDF

前面我們介紹了如何開啟線上 PDF 文件，並利用 AI 工具進行重點提取和分析。然而，日常工作中也會有大量儲存在電腦內的 PDF 文件需要閱讀，例如合約協議、研究資料...等。底下也來介紹使用 **ChatPDF** 這個 AI 工具讀入電腦中的 PDF 文件，協助我們快速擷取文件中的重點資訊。

TIP 使用前請留意一下，ChatPDF 有分免費版及付費版，差別如右：

	免費版	付費版 (plus)
價格	0 元	5 美元/月
上傳檔案大小	10MB	32MB
單一 PDF 頁數	120 頁	2,000 頁
可發問的問題數	每天 50 個問題	每天 1000 個問題

一般的情況下免費版已經夠用，由於免費版單一檔案最多支援 120 頁，如果你的 PDF 真的超過 120 頁，建議**分割再上傳**就可以規避這個限制。容量部分如果檔案超過 10MB，也建議分割檔案後再上傳。

此外，也提醒您 ChatPDF 處理的 PDF **不能是圖片格式**，最簡單的判別方法就是在 PDF 檔上面，如果能夠複製貼上文字，它就可以上傳到 ChatPDF 和 AI 互動。 如果不能複製貼上就是圖片格式的 PDF：

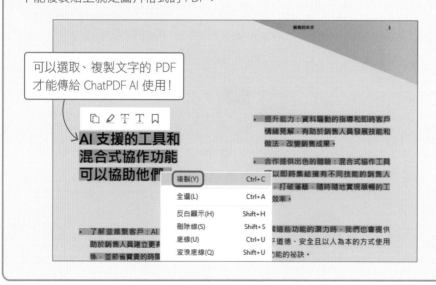

可以選取、複製文字的 PDF 才能傳給 ChatPDF AI 使用！

免費註冊 ChatPDF 帳號

首先, 我們先到 ChatPDF 的網站註冊免費帳號來使用：

ChatPDF：https://www.chatpdf.com/

 此工具雖然免註冊即可使用, 不過建議還是註冊一下, 方便保留使用記錄

Chat with any PDF

Join millions of students, researchers and professionals to
instantly answer questions and understand research with AI

Drop PDF here

Browse my Computer   From URL

ChatPDF in a Nutshell

Your PDF AI - like ChatGPT but for PDFs. Summarize and answer questions for free.

🎓 For Students

Study for exams, get help with homework,
and answer multiple choice questions
effortlessly.

📚 For Researchers

Dive into scientific papers, academic
articles, and books to get the information
you need for your research.

📑 For Professionals

Navigate legal contracts, financial reports,
manuals, and training material. Ask
questions to any PDF for fast insights.

📄 Multi-File Chats

Create folders to organize your files and
chat with multiple PDFs in one single
conversation.

💬 Cited Sources

Answers contain references to their source
in the original PDF document. No more
flipping pages.

🌐 Any Language

Works worldwide! ChatPDF accepts PDFs in
any language and can chat in any language.

My Account   API - FAQ - Affiliate - Contact - Policy - Terms - Imprint - 🐦 🔗

 拉曳到官網的最下方, 點選 **My Account** 來註冊

3 最快的註冊方式是透過與 Google 帳號連動

4 完成登入後，在首頁點擊 **My Account** 即可來到此畫面查詢使用額度

使用額度

在 ChatPDF 讀入 PDF 檔，請 AI 閱讀資料

ChatPDF 的用法很簡單，一切的操作就是在 **chatpdf.com** 網站進行，開啟該網站後，直接把電腦內要處理的 PDF 拖曳到瀏覽器內就可以了：

接著就會看到 ChatPDF 的使用畫面，如下圖所示，筆者最喜歡的就是其畫面設計的很**簡潔**，PDF 會列在中間，隨時可瀏覽；右邊則是對話區，沒有多餘的干擾元素：

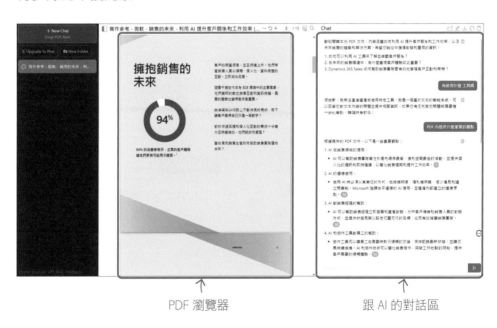

PDF 瀏覽器　　　　　　　　跟 AI 的對話區

藉由對話來熟悉 PDF 內容的操作則跟前面的 **技巧 (一)** 大同小異，例如先請 AI 摘要出重點：

AI 陳列重點時，也會附上摘錄自 PDF 哪一頁

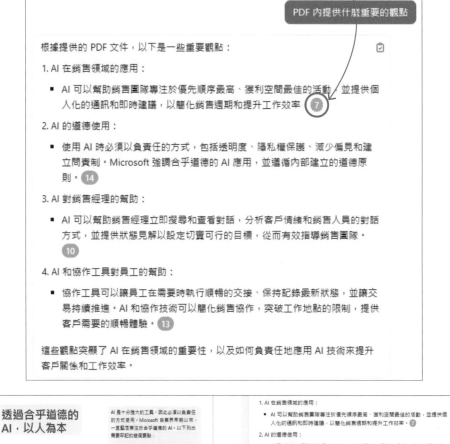

點擊後，左側的 PDF 閱覽區會立刻跳轉到該頁

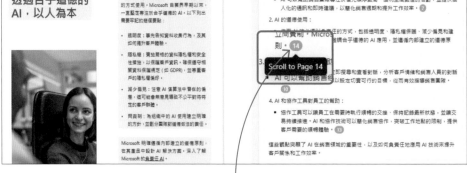

除了頁面簡潔外，雖然 ChatPDF 也具備上網查找資料的能力，但筆者的感覺是它回答時基本上都會基於 PDF 內容來回答，比較不用擔心 AI 會上網搜尋，給我們文不對題的答案：

銷售方面有什麼工具

根據提供的 PDF 文件，以下是在銷售方面提到的一些工具：

1. AI 支援的工具和混合式協作功能：

- 可以幫助銷售人員了解並維繫客戶關係，專注於重要事項，提升能力，以及合作提供出色的體驗。這些工具包括 AI 推動的見解、智慧自動化、AI 內容生成、資料驅動的指導和即時客戶情緒見解，以及混合式協作工具。 3

2. 協作工具：

- 可以讓銷售團隊在需要時執行順暢的交接、保持記錄最新狀態，並讓交易持續推進。這些工具包括在聊天或協作頻道中共用檔案、允許其他人在對話中對 CRM 記錄執行動作，以及使用直觀的應用程式從行動裝置管理銷售流程。 13

這些工具和功能旨在幫助銷售團隊提升工作效率、改善客戶關係，並加速銷售流程。透過 AI 支援的工具和協作工具，銷售團隊可以更有效地執行工作，提供更好的客戶體驗。

基本上都會基於 PDF 的內容來回答

詢問額外的問題會回覆無法查找 (其實它有上網能力)，這點倒不是壞事，至少不用擔心 AI 會天花亂墜亂回答

有什麼類似的文件嗎

抱歉，我無法直接查找網路上的文件或資訊。不過，如果您有任何特定主題或問題，我可以根據我的預訓練知識庫提供相關的資訊和回答。請隨時告訴我您感興趣的主題，我將盡力提供幫助。

TIP　最後，提醒讀者，和多數 AI 聊天機器人一樣，這類 PDF AI 工具所回答的內容不保證一定完全正確，還是有可能生成虛構或錯誤的訊息。老話一句，在用 AI 時，建議將其回答作為參考，若需要追求嚴謹的場合，一定要靠自己好好反覆驗證，以確保資訊的正確。

3-3 請 AI 做影片重點摘要

　　在職場上，**影片**也是傳遞資訊的重要方式，例如，企業會利用影片進行產品介紹、市場推廣和做員工培訓，甚至內部會議中也常常使用影片直觀地呈現各種績效成果。隨著影片內容爆炸式的增長，我們需要能快速抓取影片重點的 AI 工具。

職場生產力 UP

對於一些技術性影片或演講影片來說，這類工具尤其實用，它能幫助我們迅速掌握要點，不必花費大量時間看完整部內容。凡以下情況都很適合使用這類 AI 工具：

- **技術培訓**：在工作中，可能經常需要觀看各類技術培訓影片。我們可以請 AI 快速獲取影片中的關鍵技術點和操作流程，提升學習效率。

- **會議記錄影片**：將會議錄影上傳至 YouTube，再請 AI 幫我們提取重點，快速生成會議摘要。

- **市場分析**：在進行市場調查時，經常需要觀看競品介紹或行業報告影片。可以請 AI 快速總結影片內容，幫助我們迅速了解市場動態。

- **個人學習**：無論是學習新技能還是了解行業趨勢，AI 可以幫我們快速從影片中獲取資訊，吸收的比別人快。

　　然而**擷取影片重點**的 AI 工具多的不得了，用法也各有不同，有些工具與影片平台完全整合、操作方便，有些則可以幫您把影片逐字稿抓出來、方便做後續應用；有些甚至連**無字幕**的影片都能摘要出重點。無論您的需求是什麼，都可以隨著後續兩節的介紹找到合適的工具，在各種工作情境無往不利！

TIP 後續主要是針對 **Youtube** 上面的影片教您如何利用 AI 工具擷取影片重點，因為很多 AI 工具都是據此設計的。如果您的影片是存放在自己的電腦上，最快的做法就是**將它們傳到 Youtube 上**，這樣就方便使用各種 AI 工具來操作了。

☑ 技巧 (一)：請 AI 聊天機器人摘錄影片重點，並做延伸問答

使用 AI ▶ **AI 聊天機器人 (ChatGPT、Copilot... 都可以)**

　　ChatGPT、Copilot 等聊天機器人都具備**上網查找資料**的能力 (免費版亦可)，如果您用慣這些工具，最快的做法就是將影片的連結丟給 AI 聊天機器人試著做摘要：

> **1** 在提示語附上連結，例如是想從 AI 大佬的演講中了解產業動態

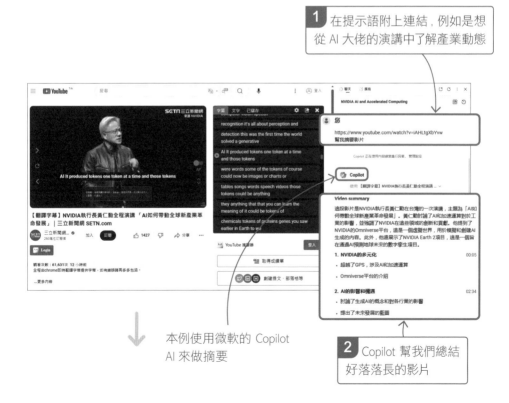

本例使用微軟的 Copilot AI 來做摘要

> **2** Copilot 幫我們總結好落落長的影片

3 AI 也提供建議的提示語（直接點擊就可以），方便繼續詢問以獲得更多資訊

職場生產力 UP

很多人可能會覺得「**看完摘要 = 我看完這個影片了**」，但這樣也未免太粗略，建議可以如上圖一樣，多多發問，深化對影片內容的理解。底下是一些建議發問方向：

- **影片內容細節**：如果摘要中某些部分不夠清晰，可以進一步詢問更詳細的解釋或例子。
- **相關資源推薦**：推薦與影片主題相關的書籍、文章或其他資源。
- **應用場景**：詢問如何在特定的應用場景中使用影片中的知識和方法。

例如，若某影片內容涉及**專案管理**的理論，可以繼續發問：

- "有哪些推薦的工具可以實作影片中提到的專案管理方法？"
- "在什麼樣類型的專案中，影片中的方法最為有效？"

總之，建議多加利用 AI 聊天機器人可以互動的優點喔！

✓ 技巧 (二)：使用進化的 VoxScript 聊天機器人摘要影片重點

使用 AI VoxScript (GPT 機器人)

當您因不明原因，無論怎麼都無法請 AI 聊天機器人摘要影片重點時，可以試試 **VoxScript** 這個 GPT 商店內的 AI 工具，它經過詳加設計，凡是任何聊天機器人無法處理的影片，都可以利用它來嘗試分析看看：

1 參考附錄 A-2 節的說明，開啟 GPT 商店

2 搜尋找到 Voxscript 機器人後，請點擊開啟它

3 直接點擊**開始交談**

https://www.youtube.com/watch?v=iAHLtgXbYvw
幫我總結以上影片

Voxscript 想與 voxscript.awt.icu 交談

允許　　永遠允許　　拒絕

⚠ 只允許你信任的網站

◁ ⍰ ↻

4 用法跟一般聊天機器人一樣，
直接貼上要摘要的網址

5 過程中若要求開放權限，直接點擊**允許**

已與 voxscript.awt.icu 交談

已與 voxscript.awt.icu 交談

已與 voxscript.awt.icu 交談

已與 voxscript.awt.icu 交談

已與 voxscript.awt.icu 交談

影片總結如下：

影片標題為「【翻譯字幕】NVIDIA執行長黃仁勳全程演講 'AI如何帶動全球新產業革命發展'」。這是一段NVIDIA創辦人及執行長黃仁勳在台灣進行的演講，主題圍繞著AI（人工智慧）及其對全球新產業革命的影響。

黃仁勳開場介紹了NVIDIA公司的核心技術，包括加速計算和人工智慧，並提到這些技術將會重塑計算機產業。他回顧了計算機產業60年來的重大變革，並指出目前的計算需求增長速度遠超過傳統中央處理器（CPU）的性能提升。他強調，未來的計算需要依賴於加速計算，並展示了NVIDIA在這方面的領先技術及其節能效果。

他介紹了NVIDIA的多個加速計算庫，這些庫涵蓋了從深度學習、基因測序到量子計算模擬等各個領域，並展示了NVIDIA技術在各行業中的應用。黃仁勳特別強調了生成式AI（Generative AI）的重要性，並展示了NVIDIA的地球二號（Earth 2）項目，這是一個模擬地球的數字孿生項目，用於預測氣候變化及減災。

最後，他回顧了NVIDIA與AI技術的發展歷程，並介紹了如ChatGPT等生成式AI應用的成功案例，說明這些技術將如何改變人機互動及促進新技術的應用和普及。

↓

AI 做好摘要了

☑ 技巧 (三)：快速掌握重點： Monica AI 幫你總結 YouTube 影片內容

使用 AI ▶ Monica AI

Monica 是一段功能強大的 Chrome 瀏覽器外掛，舉凡閱讀、寫作、翻譯、PDF 做摘要，各種功能應有盡有。請先參考**附錄 A-3 節**的介紹，了解如何到 Chrome 線上商店安裝，並熟悉此 AI 外掛的使用方式。

Monica 外掛其中一個好用的功能是可以幫我們**快速總結 YouTube 影片的內容**：

即便是時長不長的影片，總希望可以快速知道重點，細節再慢慢看

【EP01】簡報技巧：突破PPT盲點！你所不知道的「版面配置」技巧教學｜ 30 堂課從 0 開始學好 PowerPoint 簡報｜ 鄭冠中 Jason

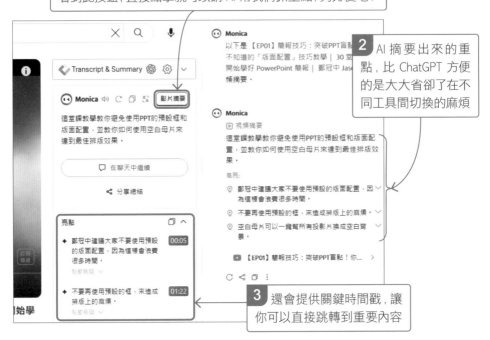

1 當我們安裝好 Monica 後，在每個 Youtube 影片右側就可以看到此按鈕，直接點擊就可以請 AI 幫我們抓重點，夠方便吧！

2 AI 摘要出來的重點，比 ChatGPT 方便的是大大省卻了在不同工具間切換的麻煩

3 還會提供關鍵時間戳，讓你可以直接跳轉到重要內容

AI 無法存取 Youtube 影片？可能是缺字幕！

依經驗，請 Monica 或 AI 聊天機器人做影片摘要看似簡單，但可能不會一帆風順，多數的聊天機器人雖然可以讀取網址，但經過測試，並不是每次能夠成功，回答「**無法處理**」的情況還不少：

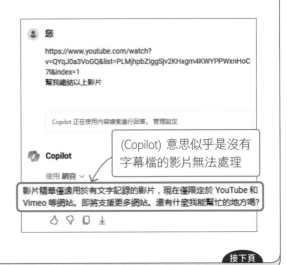

(Copilot) 意思似乎是沒有字幕檔的影片無法處理

接下頁

https://www.youtube.com/watch?v=iAHLtgXbYvw
幫我總結以上影片

由於我無法直接訪問和觀看YouTube影片，請提供影片的主要內容或關鍵部分的描述，以便我為您總結。這樣可以幫助我提供準確的總結。如果您能提供一些具體的時間戳或重點，也會非常有幫助。謝謝！

（ChatGPT）直接回答無法存取影片，原因沒有多説…

傳訊息給 ChatGPT

Flag Technology Co. LTD 工作空間交談內容不會用來訓練我們的模型。ChatGPT 可能會發生錯誤。

無法順利成功的原因多半是**該影片並沒有提供字幕檔** (製作時就被嵌入影片內的字幕**不算**，該類影片仍會被視為無字幕)，其實有沒有字幕檔，從 Youtube 的影片資訊就可以得知：

該影片沒有提供字幕

遇到這種情況時，即便以前面介紹的 Voxscript 機器人來試，仍無法實際分析影片內容，看起來只會依據影片下方的描述來介紹該影片的內容：

https://www.youtube.com/watch?
v=QYqJ0a3VoGQ&list=PLMjhpbZIggSjv2KHxgm4KWYPPWxnHoC7l&index=1
幫我總結以上影片

已與 voxscript.awt.icu 交談

影片標題為「【業績實境秀】EP.01 寄開發信沒用？那是你用錯策略！好的開發信讓你月月賀成交！來看看我是怎麼設計開發信的吧！（開發信篇）」由【房仲日常】謝濱展-阿濱」頻道發布。

影片內容摘要：

- 00:00 開場
- 00:25 本系列影片重點
- 01:35 開發信策略是什麼
- 03:02 開發信種類有哪些
- 03:23 開發信設計環節
- 05:08 開發信內容介紹
- 08:31 折開發信的小技巧
- 12:08 來聊聊摺紙機
- 12:26 開發信寄完後的後續動作

其實這些是從 AI 從影片資訊欄直接搬過來的內容

影片介紹如何設計開發信來提高成交率，提供具體的策略和技巧。

接下頁

問深入一點的問題就發現其實與原影片內容沒什麼關係

折開發信的小技巧是什麼

影片中提到的「折開發信的小技巧」部分摘要如下：

1. **信封選擇**：選擇高品質的信封，給收件人留下好的第一印象。
2. **摺疊方式**：使用整齊、專業的摺疊方式，確保信封內的信件平整，不會有皺褶。
3. **附上小禮物**：可以在信封內附上小禮物或貼紙，增加收件人對信件的興趣。
4. **個性化設計**：在信件設計中加入個性化元素，例如手寫的簽名或小插圖，使收件人感到被重視。
5. **摺紙機使用**：介紹如何使用摺紙機進行大量信件的摺疊，提高工作效率。

這些小技巧有助於提升開發信的專業性和吸引力，提高回覆率和成交率。

「附上小禮物」在是影片的幾分幾秒處

與交談時發生錯誤

很抱歉，這個影片的字幕功能已被禁用，因此無法提供具體時間點的詳細資訊。如果你有其他問題或需要進一步的協助，請讓我知道。

考倒 AI 了，但也知道是缺字幕的問題

由於這種情況並不少見，此時就得改用其他方法，待會 3-4 節會教您破解的技巧。

☑ 技巧 (四)：請 AI 一鍵取得影片字幕逐字稿

使用AI Youtube & Article Summary (Chrome 外掛)

　　如果您除了擷取影片重點摘要外，同時想**取得影片的逐字稿**，例如參加線上培訓課程時，擁有完整的字幕逐字稿可以讓我們整理課程內容，方便事後與同事分享重點。又或者，觀看會議錄影時，逐字稿可以作為詳細的會議參考，便於回顧和跟進討論內容。

TIP 當然, 以上的前提是上傳到 Youtube 這些影片是**帶字幕**的, 若沒有, 就必須先想辦法生出字幕, 這可以參考下一節的說明。

在當影片有字幕的前提下, 這裡要介紹一款 Chrome 瀏覽器外掛 - **Youtube & Article Suumary**, 它也可以幫我們總結 YouTube 影片內容, 更棒的是, 它還可以幫我們**抓出影片字幕的逐字稿**。請先參考附錄 A-3 節的說明開啟 Chrome 線上商店安裝此外掛：

先安裝好這個 Chrome 外掛

安裝後, 會在 YouTube 的影片頁面出現 **Transcript & Summary** 窗格, 使用方法很簡單, 如下：

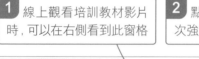

1 線上觀看培訓教材影片時, 可以在右側看到此窗格

2 點擊此圖示就可以取得逐字稿 (再次強調, 必須該影片本身就具備字幕檔)

5 或者也可以點擊這裡，會自動將影片的字幕帶入到 ChatGPT 中做分析

4 點擊這裡可以複製文字，再自行存成文字檔即可

Monica 影片摘要

Transcript & Summary

OK 好

04:16 這邊沒有 嗯 有哎 好 段落的結束 好這樣基本上就是一個標記了 好這樣基本上就是一個標記了 但是這樣的標記其實不符合規則的 本身我們在製作網頁的時候呢他有他本身一個固定的標記方式 所以呢我們大概瞭解一下 好其實這是個段落嗎段落來講的話 我們可以使用英文來去做標記 像是paragraph 好「paragraph」但是在 網頁的...網頁的設計部分來說的話 其實他使用的是英文的「段落」「paragraph」的開頭 也就是「P」這個字 OK 但我會想說 那我這樣標記來講的話 來 start(開始) p start(開始) 跟 p end(結束) 好 那這樣的話，可能會覺得這樣好像我的標記越來越清楚了 end 越來越清楚了 很清楚就可以看到說 這個是段落的開始 這是段落的結束 好 那可是這樣子還是 沒有到非常非常的好認得對不對？

05:19 那此外就是這些括號 括弧來講的話其實是有問題的 好括弧其實是有問題的 好那我們稍微來看一下 括弧來講的話呢這種括弧在內文當中經常性會用到 所以我們在我們的網頁當中 其實使用的不

這本沒有呈現灰色圖示，表示具備字幕檔

二天 | **HTML教學** | 網頁教學

3 逐字稿一字不漏被 AI 提取出來

6 ChatGPT 會以英文來總結影片內容，再要求 ChatGPT 進行翻譯即可

1. **Introduction to HTML:** The video is part of a web design tutorial series, focusing on the basics of HTML, including what HTML is and how to learn it effectively.

2. **Learning Resources:** The tutorial highlights various resources and websites that can help beginners learn web development and HTML.

3. **Basic HTML Concepts:** Key points covered include understanding HTML as a markup language, the importance of the "M" in HTML (Markup), and the concept of tagging text to structure web content.

4. **Practical Demonstration:** The instructor demonstrates using Notepad to write basic HTML code, showing how to create and save an HTML document.

5. **HTML Syntax and Structure:** The tutorial explains the use of tags in HTML, such as paragraph tags (<p>) and heading tags (H1 to H6), and emphasizes the correct syntax, including the use of angle brackets and closing tags.

職場生產力 UP

有了字幕逐字稿以及摘要整理後，後續要怎麼用就很彈性了，例如可以根據整理出來的逐字稿，進一步請 AI 組織分段，為每個關鍵點建立**獨立的簡報頁面**，像是以下的做法：

1. 請 AI 幫助您提取每個段落的關鍵資訊，每部分對應簡報中的一個頁面：

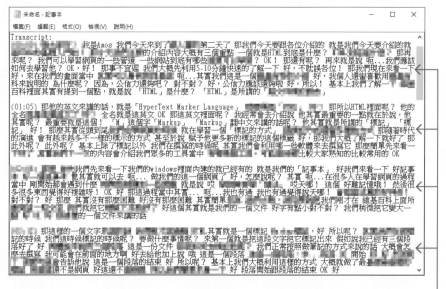

前面取得的逐字稿，會清楚分好段落，還會標示時間，這樣就方便告知 AI 段落了（例如：03:12 那一段）

2. 當 AI 摘要出各段落的重點後，後續的簡報稿、簡報設計、美化，則可以交給 **AI 簡報工具**來做，這部份可以參考第 5 章的介紹。

總之，請務必善用 AI 的力量，把大量時間和精力省下來，專注於創造更有價值的工作。

3-4 影片無字幕？
AI 幫你突破限制, 擷取重點

使用 AI ▶ Video Insights (GPT 機器人)、youtube whisper

前一節介紹了用 AI **擷取影片重點**, 以及**取得影片逐字稿**的技巧, 當然, 若 Youtube 影片本身沒有提供字幕, AI 工具也無法抓取。怎麼辦呢？當然不是就此放棄, 因為多數自製影片檔多是沒有字幕的類型呢！放心, 本節教你改用其他工具。

☑ 用 Video Insight 機器人分析無字幕影片

使用 AI ▶ Video Insights (GPT 機器人)、youtube whisper

首先可以試試 GPT 商店裡面的 GPT 機器人— **Video Insights**, 此 AI 厲害的地方是會幫我們先將語音轉換為文字稿, 再使用 ChatGPT 來統整文字稿內容：

> **1** 參考附錄 A-2 節的介紹, 開啟 GPT 商店後找到 **Video Insights** 機器人

Video Insights: Summaries/Transcription/Vision

作者：videoinsights.ai ⊕

Chat with any video or audio for insights, transcriptions in multiple languages, and visual analysis. Supports YouTube and file uploads

| What can Video Insights do? | Translate the following video for me | What is the color of the house in the video ? | Submit feedback or feature request to Video Insights |

2 一樣附上影片網址，並送出提示語請 AI 幫忙

https://www.youtube.com/watch?v=lFGgRZEuQtY
幫我總結以上影片，用中文回答

已與 action.videoinsights.ai 交談

目前影片的文字轉錄正在處理中，請您在 兩分鐘後再試一次，以便完成處理。您可以隨時提供其他影片或要求更多資訊。

3 AI 告知擷取文字中

https://www.youtube.com/watch?v=lFGgRZEuQtY
幫我總結以上影片，用中文回答

4 依指示兩分鐘後再試一次

已與 action.videoinsights.ai 交談

這段影片介紹了在土耳其南海岸的莫爾卡洞穴內發生的一起洞穴救援事件。影片詳細描述了洞穴的地理和地質特點，並講述了一支探險隊在洞穴內探測時，成員之一馬克因突發腸胃道出血被困地下1040米的情況。

馬克是一名經驗豐富的洞穴探險者，他與未婚妻傑西卡及兩名隊友一起進行洞穴探險。不幸的是，馬克在探險過程中突然感到劇烈的腹痛並嘔吐出血，隊友們無法將他直接帶回地面，只能通過緊急聯絡地面尋求救援。

影片中描述了這場跨國救援行動的細節，救援隊伍來自匈牙利、意大利、波蘭等多個國家，共有200多位專家參與。救援過程分為多個階段，每一段由不同國家的救援隊負責。在多方努力下，救援行動進行了多日，並於9月12日凌晨成功將馬克救出洞穴。

5 順利取得更多影片重點摘要了

　　上述過程若需要您登入 Video Insights 官網註冊帳號，只要依畫面指示操作即可：

https://www.youtube.com/watch?v=lFGgRZEuQtY
幫我總結以上影片，用中文回答

Video Insights: Summaries/Transcription/Vision 想與 action.videoinsights.ai 交談

使用 action.videoinsights.ai 登入

⚠ 只允許你信任的網站。

1 點擊這裡登入

VIDEO INSIGHTS

Sign In with your social account

G Continue with Google

We won't post to any of your accounts without asking first

2 最快就是使用 Google 帳號來註冊。當您完成註冊,就會連回 ChatGPT 網站讓您繼續輸入提示語來操作了

Sign in with your email and password

Email

name@host.com

Password

Password

Forgot your password?

or

Sign in

Need an account? Sign up

☑ 也可改用 youtube-whisper AI 分析無字幕影片

使用 AI ▶ youtube-whisper AI

萬一您是 ChatGPT 免費用戶,也因為超過免費上限而暫時無法使用 GPT 商店,這裡再教您另一招解決方法:

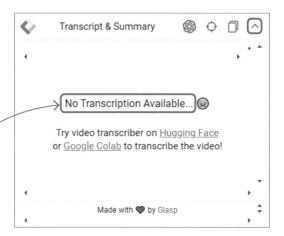

Transcript & Summary

No Transcription Available... 😞

Try video transcriber on Hugging Face or Google Colab to transcribe the video!

Made with 🖤 by Glasp

用前一節技巧(四)介紹的 Youtube & Article Summary 也抓不到逐字稿

在這種情況下,我們可以改用其他免費的 AI 工具來**分析影片聲音**以擷取出文字稿,再接著用 AI 聊天機器人摘要出重點即可。

這裡要介紹的是 **youtube-whisper** 這個 AI 工具，此工具是利用 OpenAI 的 Whisper 模型對 YouTube 影片進行語音識別，藉此生成精確的字幕。

此 AI 工具功能強大，使用方式也十分容易，請利用 Google 搜尋 **"youtube-whisper"** 或直接連到 https://huggingface.co/spaces/kazuk/youtube-whisper-01 網頁：

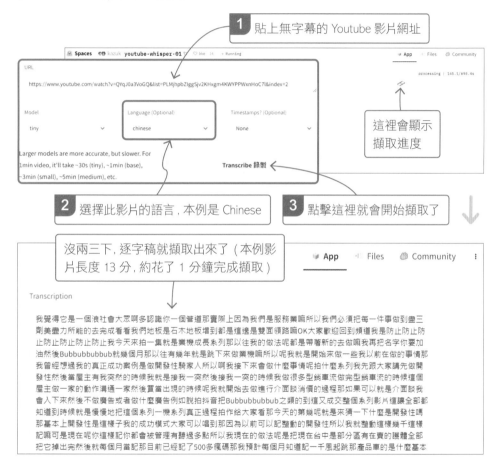

1 貼上無字幕的 Youtube 影片網址

這裡會顯示擷取進度

2 選擇此影片的語言，本例是 Chinese

3 點擊這裡就會開始擷取了

沒兩三下，逐字稿就擷取出來了 (本例影片長度 13 分，約花了 1 分鐘完成擷取)

> **TIP**
> 依測試，youtube-whisper 線上工具偶爾會無法運作 (猜測是進行維修)，若執行後出現 error 只能稍候再試，或者，也可以改用 https://reurl.cc/dyWaEM 這個雲端 Python 程式工具來擷取逐字稿。用法很簡單，在第一個程式區塊貼上 Youtube 影片網址後，依序點擊 ▶ 來執行頁面中每一個程式區塊就可以開始擷取了。

讀者可能覺得「哇，這文字密密麻麻的怎麼用」，不要忘了文字處理正是 AI 聊天機器人的強項，我們可以將上圖的文字通通複製下來貼給 AI 聊天機器人，看是要做內容整理或者重點摘要，都可以試試喔！

AI 整理前

⟋ 幫我整理的好閱讀一點

我覺得它是一個浪社會大眾啊多認識你一個管道那實際上因為我們是服務業嘛所以我們必須把每一件事做到盡三劑美盡力所能的去完成看看我們地板是石木地板增到都是這邊是雙面領路嘛OK大家歡迎回到頻道我是防止防止防止防止防止防止防止我今天來拍一集就是業機成長系列那以往我的做法呢都是帶著新的去做嘛我再把名字你要加油然後Bubbubbubbub就幾個月那以往有幾年就是跳下來做業機嘛所以呢我就是開始來做一些我以前在做的事情那我曾經想過我的真正成功案例是做開發性騎家人所以啊我接下來會做什麼事情呢拍什麼系列我先跟大家講先做開發性然後當屋主有我突然的時候我就是接我一突然後接我一突的時候我做很多型銷車流做完型銷車流的時候這個屋主做一家的動作溝通一家然後置當出現的時候呢我就開始去做進行介面諮詢價的過程那如

⟋ 我覺得開發信是一個讓社會大眾認識你的一個管道。實際上因為我們是服務業，所以我們必須盡力把每一件事做到最好。我們的地板是石木地板，非常堅固，這裡是雙面臨路。大家好，歡迎回到頻道，我是防止防止防止。今天要拍的是業績成長系列影片。

以往我的做法都是帶著新手一起做，然後告訴他們要加油。幾個月或幾年之後，我就會跳下來做業績。所以我開始做一些我以前做的事情。我曾經的成功案例是開發新客戶，所以接下來我要拍攝什麼系列影片呢？首先是開發信系列。

當屋主有需求時，我會接手做銷售工作，從與屋主的溝通到成交。整個過程會拍攝成影片讓大家看到。今天我們來探討什麼是開發信。基本上，我的成功模式是記開發信。以前我會記幾千封，但現在會被管理，所以改為每月寄出一千封。

AI 整理後，明顯好讀多了
（用人工分段會分到累死！）

TIP 但提醒讀者，即便文字看起來很流暢，但 AI 聊天機器人本來就擅長做這件事，不能完全排除有「虛構」資訊的可能性，使用上還是要多加留意喔！

CHAPTER

郵件處理 AI

幫你讀信、擬信、模擬語氣回覆⋯，
用 AI 處理郵件超輕鬆！

郵件處理可說是每天再例行不過的公事，無論是回覆客戶、安排會議、跟同事討論案子...等，收信、寫信佔用了我們大量工作時間，一封處理完又來一封，「啊我光收信什麼正事都沒做...」，不少人應該深有同感！

　　別再傻傻地人工一封封處理了！理解文意、文字表達可是 AI 的強項，本章就來介紹幾款好用的郵件處理 AI 工具，可以幫我們**快速分析郵件內容、提取關鍵資訊**，甚至能夠根據不同的情境**生成適當的草稿**。無論是例行的業務聯絡，還是突發的緊急狀況，AI 都能輕鬆應對，讓你從繁重的郵件處理工作徹底解脫！

4-1　超智慧的 AI 回信助手

使用 AI　Monica AI

　　這裡要使用的 **Monica AI** 在前一章「**請 AI 摘要影片重點**」就出現過，這是一款功能強大的 Chrome 瀏覽器外掛。基本上，Monica 就像一個以 ChatGPT 為基礎所訓練出來的 AI，雖然滿多功能有使用限制 (付費才能用)，不過其中的**寫作助手**功能每天有不少免費額度 (一天可以跟 AI 對話40 則訊息)，而且 Monica AI 經過良好調校，您不用傷腦筋該怎麼下提示語，直接把需求直白的描述出來、甚至點點按鈕就可以了。

　　以日常收發 Email 為例，Monica 就提供了 **AI 回覆**功能，能幫我們快速閱讀郵件內容，一秒做出摘要，擬草稿信的話也能請 AI 代勞，這樣就大大節省了處理郵件的時間，可以專注在更重要的工作。

☑️ 用 AI 快速讀信、擬信, 成堆郵件快速處理 OK

chrome 線上應用程式商店

探索　擴充功能　主題

Monica - 由 **ChatGPT4** 驅動的 **AI Copilot**

✅ monica.im　🏅 精選商品　4.9 ★ (1.7萬 個評分)

擴充功能　工具　2,000,000 使用者

▲ 請先參考附錄 A-3 節的介紹, 安裝好 Monica AI, 並熟悉此外掛的使用方式

1 很多人都是使用 Gmail 來收發信, 當您安裝好 Monica 瀏覽器外掛後, Gmail 的每封信底下就會出現 **AI 回覆**功能:

在 Gmail 中隨便打開一封要處理的信件

If your ad account is disabled:
www.facebook.com/help/contact/189823244398879

If you are unable to add a payment method, or you're currently unable to use the payment method on your ad account:
www.facebook.com/help/contact/161710477317189

If you have questions about an unauthorized charge from Facebook:
www.facebook.com/help/contact/733689746780575

If you're having general problems with Facebook ads, please visit the Advertiser Help Center:

https://www.facebook.com/business/help"

Thanks,

Tyler
Facebook

This message was sent to tristanchang@gmail.com. It was intended for Tristan Chang. We want people to feel safe on Facebook. If you've received a threatening message, you can **report** it to us.

點擊郵件中的 **AI 回覆**功能

↩ 回覆　　➔ 轉寄　　☺　　💬 AI 回覆

2 點擊後會出現寫作助手小視窗, 這是幫我們讀信、寫信的絕佳幫手:

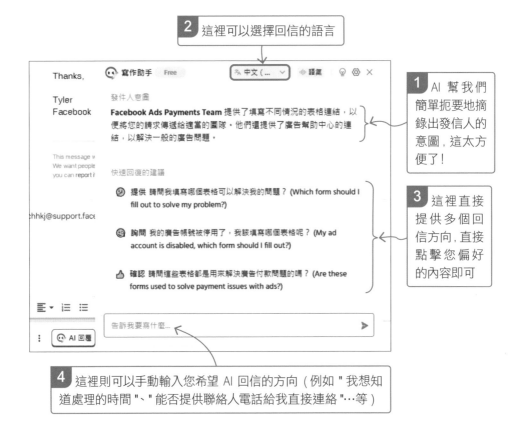

2 這裡可以選擇回信的語言

1 AI 幫我們簡單扼要地摘錄出發信人的意圖, 這太方便了!

3 這裡直接提供多個回信方向, 直接點擊您偏好的內容即可

4 這裡則可以手動輸入您希望 AI 回信的方向 (例如 " 我想知道處理的時間 "、" 能否提供聯絡人電話給我直接連絡 "…等)

3 在前一步設好回覆方向後, Monica 就會幫我們進一步擬出草稿, 超級方便!而且, 在正式置入郵件前還可以做一些修改。各種擬信操作只要如下點擊 Monica 設計好的按鈕即可, 相當便捷:

1 AI 擬的內容會顯示在這裡

2 例如可以點擊**語氣**

3 想要信件內容偏哪個口氣，直接點擊即可，都可以請 AI 修改看看

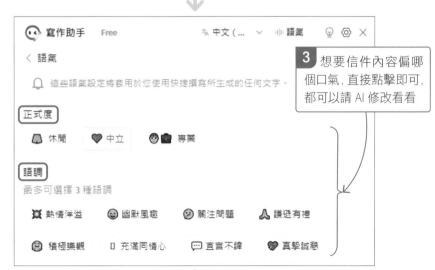

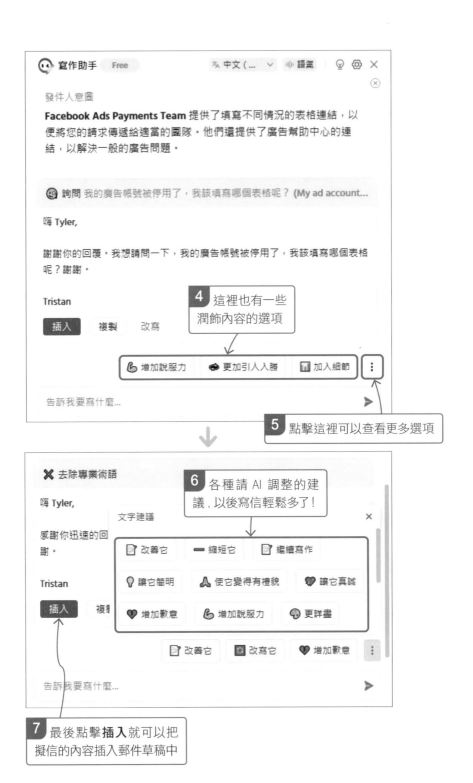

如何, 很方便吧！在擬 Email 時, 總會在委婉一點、直接一點…間猶豫不決, 時間往往就這樣溜走了, 此時就可以請 AI 快速幫我們**一鍵擬信**。以上操作的背後其實就是提交一些提示語 (prompt) 給背後的 AI 聊天機器人來生成文字, 只差在 Monica AI 將介面設計的非常容易操作, 就算 AI 擬出來的信還需要手工修改, 也已經幫我們省下了大把時間！

4-2　用 Gemini Advanced 一鍵生成 Email

使用 AI ▶ Gemini (升級至 Advanced 帳戶)

前一節介紹了 Monica 這個好用的 AI 工具幫我們處理郵件, 本節來介紹另一個方便工具 - **Gemini Advanced**。Gemini 是 Google 所開發的 AI 聊天機器人, 而除了在網頁聊天介面與 Gemini 對話互動外, Gemini 最棒的是已經**與 Gmail、Google 文件等服務完全整合**, 在操作 Gmail 等各種 Google 服務時, 隨時可看到 Gemini 的身影, 若您平常很倚賴 Google 服務, 有了 Gemini advanced 加持更可提升不少方便性。

> **TIP**　註：請注意, 跟 Google 服務的相關整合功能必須付費成為 Gemini Advanced 的會員才能使用, 但目前 Google 提供了**長達 2 個月的免費試用期**可以盡情試用。此外, 目前僅有提供英文版 (預計不久後就會提供繁體中文版), 因此底下會先帶您將各種 Google 服務切換為英文介面來使用。如果您工作上經常需要處理**英文信**, 也不妨試試這個 AI 工具！

☑ 申請 Gemini Advanced 會員

首先我們先來升級 Gemini Advanced 的服務, 目前提供了 2 個月的免費試用期：

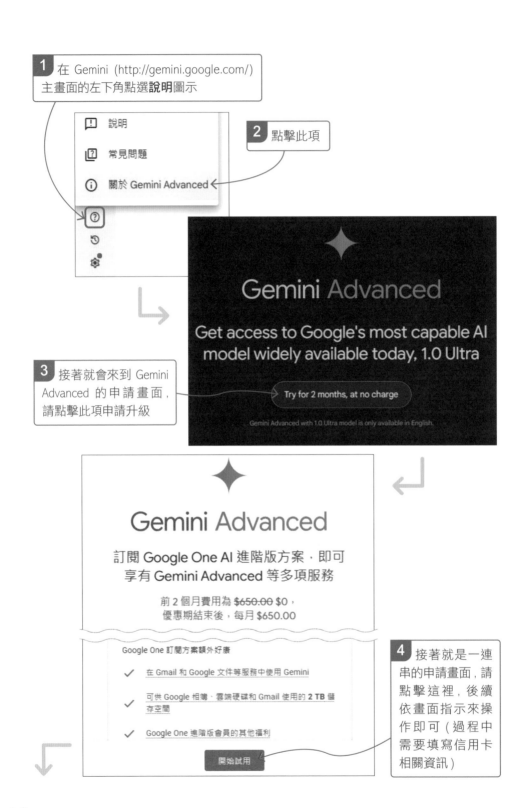

1 在 Gemini (http://gemini.google.com/) 主畫面的左下角點選**說明**圖示

說明

常見問題

關於 Gemini Advanced

2 點擊此項

3 接著就會來到 Gemini Advanced 的申請畫面，請點擊此項申請升級

Gemini Advanced

Get access to Google's most capable AI model widely available today, 1.0 Ultra

Try for 2 months, at no charge

Gemini Advanced with 1.0 Ultra model is only available in English.

Gemini Advanced

訂閱 Google One AI 進階版方案，即可享有 Gemini Advanced 等多項服務

前 2 個月費用為 ~~$650.00~~ $0， 優惠期結束後，每月 $650.00

Google One 訂閱方案額外好康

✓ 在 Gmail 和 Google 文件等服務中使用 Gemini

✓ 可供 Google 相簿、雲端硬碟和 Gmail 使用的 **2 TB** 儲存空間

✓ Google One 進階版會員的其他福利

開始試用

4 接著就是一連串的申請畫面，請點擊這裡，後續依畫面指示來操作即可（過程中需要填寫信用卡相關資訊）

請留意這裡提到的免費試用期限

5 最後來到此畫面，點擊**訂閱**鈕即可

6 若不希望付費而要結束試用時，可以點擊 Gemini 首頁的「說明／管理訂閱項目」

7 點擊這一區

6 點選這裡就可以取消了

將 Google 服務切換到英文介面

接著我們要將 Google 切換到英文介面來使用相關 AI 整合功能, 請開啟 https://myaccount.google.com/language 網站:

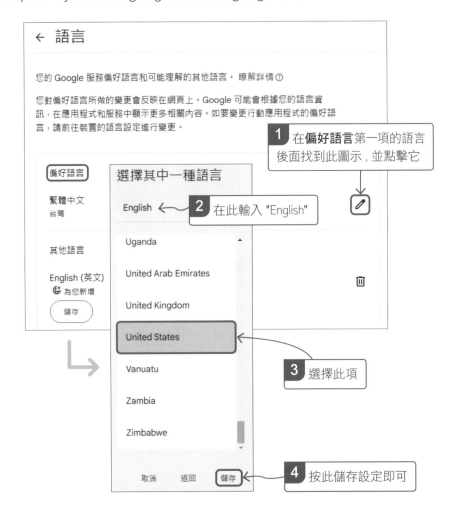

☑ 用 Gemini Advanced AI 一鍵撰寫好英文信件

完成上述前置工作後, 接著我們就以**跟國外客戶詢問進度**為例, 示範如何用 Gemini Advanced 一鍵生成英文信件。相關 AI 寫信功能也跟 Gmail 整合的很不錯喔!

1 首先，當您開啟 Gmail 撰寫郵件時，就會看到 Gemini 提供的 **Help me write** 功能：

2 接著點擊這裡就可以呼叫 Gemini 來寫信了

1 點擊此圖示

2 做法很簡單，直接在 Help me write 提示框內描述大致的信件內容即可，建議還是簡單區分出**主旨**及**內容**兩部份，當然此時內容就可以寫簡略一點，完整的內容交給 AI 來寫即可：

1 在框內輸入提示語（現階段僅支援英文）

2 區分主旨跟內容，本例是詢問客戶提案後的想法

3 點擊這裡就可以送出提示語了

4 Gemini 所生成的內容會顯示在這裡

5 點擊這裡可以請 AI 調整擬信的內容, Formalize 是一般, 也可以要求 Gemini 寫詳盡 (Elaborate) 一點, 或者也可以要求縮減 (Shorten) 信件內容

6 最後點擊這裡就可以把生成的內容插入信件草稿了

想寫什麼全交給 Gemini 一鍵「稿」定

附帶提一下, 不只是 Gmail, Google 其他服務如 Google 文件也可以看到 Gemini 的身影, 使用方式都大同小異:

1 例如開啟英文版的 **Google 文件** (https://docs.google.com/) 後, 點擊此圖示就可以啟動 Gemini 的 Help me write 功能

2 接著點擊這裡準備輸入提示語

接下頁

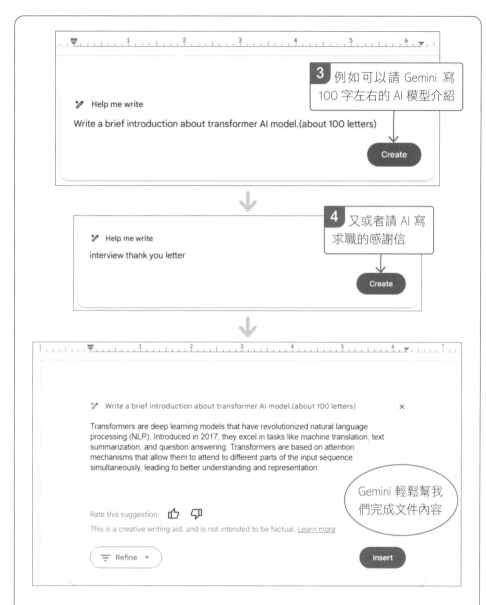

3 例如可以請 Gemini 寫 100 字左右的 AI 模型介紹

4 又或者請 AI 寫求職的感謝信

Gemini 輕鬆幫我們完成文件內容

以上「**輸入提示語 → 得到回覆**」的用法雖然跟在 Gemini 網站 (https://gemini.google.com/) 跟 AI 聊天機器人互動大同小異，但是直接整合進 Google 服務的 Gemini 在操作上更為便捷，而且還提供了更多細緻的設定，例如前面所看到「撰寫語氣」調整…等等，不用費心思再下提示語來調整，整體來說更接近工作時的 AI 小幫手。

\ MEMO /

5

CHAPTER

簡報 AI

選範本、構思大綱、擬講稿、
生成插圖…AI 幫你輕鬆搞定！

傳統上，製作一份完整的**簡報**需要投入大量的時間和精力，從選定範本、擬定簡報大綱、製作每一張投影片、插圖/圖表的選擇、到實際簡報時所需的講稿...等，每一個步驟都需要費時規劃。現在，我們可以利用 AI 工具來加速這個過程。在 AI 的幫忙下，不管您在哪個簡報環節有需求，AI 工具都能快速提供參考素材，協助我們高效率地完成簡報製作。

5-1 請 AI 生成符合簡報主題的範本

使用 AI Canva (GPT 機器人)

製作簡報時，可能光是**挑選簡報範本**就花了不少時間，怎麼挑就是沒有跟主題匹配的佈景主題，其實可以把這件事交給 AI 輕鬆解決：

以「AI 對職場工作的影響」簡報主題為例，
挑來挑去沒有中意的範本，時間都浪費掉了

這裡我們要使用 **Canva** 這個 AI 工具來幫忙。Canva (www.canva.com) 是一個強大的設計平台，能讓使用者輕鬆創作各種圖像、簡報、海報等視覺內容。更棒的是，它也有在 GPT 商店上架，提供了 GPT 機器人的操作介面，讓我們能透過聊天互動直接取得 Canva 的豐富資源：

底下就來看怎麼下提示語給 AI：

請幫我製作有關「AI 工具對職場工作的影響」的**投影片範本**，以繁體中文回應

🖉 請幫我製作有關於「AI對職場工作的影響」的投影片範本，以繁體中文回應

Ⓒ Canva 想與 chatgpt-plugin.canva.com 交談

1 提交需求

〔允許〕〔永遠允許〕〔拒絕〕

⚠ 只允許你信任的網站。

🔊 🗐 ↻ ✦ ⌄

2 若需要提供權限直接點擊**允許**

Ⓒ 已與 chatgpt-plugin.canva.com 交談

以下是一些與「AI工具對職場工作的影響」相關的Slide範本，你可以點擊縮圖進行編輯：

Neon Simple Trendy Modern AI Tools YouTube Thumbnail

3 Canva 機器人會提供符合主題的樣式，本例看得出來都跟我們準備簡報的主題匹配多了。如果有中意的直接點擊即可

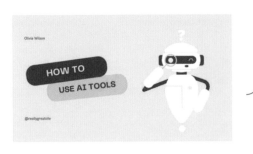

Blue and White Illustrative Playful Basic AI Tools YouTube Thumbnail

點擊範本後,如下圖所示,接著會開啟 Canva 網站 (www.canva.com) 讓我們繼續修改這份簡報。在這裡, Canva 提供了豐富的模板和設計工具,讓我們可以輕鬆編輯和創建專業的簡報內容,就跟在 **Powerpoint** 裡面操作一樣直覺:

可以自行編輯簡報內容

> **TIP** 由於本書著重在 AI 生成功能,手動製作簡報不是這裡的重點,就不對 Canva 的簡報設計平台著墨太多,有興趣的可再自行研究。

5-2 請 AI 構思簡報大綱

使用 AI ▶ AI 聊天機器人 (ChatGPT、Copilot、Gemini…都可以)

請 AI 生成簡報範本只是牛刀小試,為了節省時間,我們當然也可以請 AI 來幫忙**構思簡報大綱**。當文思枯竭、對簡報內容沒什麼想法時,我們可以請 AI 快速生成點子,組織出結構化的內容,三兩下就整理出邏輯清晰、層次分明的簡報大綱!

☑ 生成簡報大綱

由於簡報大綱屬於文字類的內容，最佳的 AI 工具非 ChatGPT、Copilot 等 AI 聊天機器人莫屬，底下示範如何請 AI 聊天機器人快速生成簡報大綱：

 請以 [AI 工具對職場工作的幫助] 為主題設計一份簡報，**條列式列出大綱與內容**，至少七個要點，各要點切割成投影片

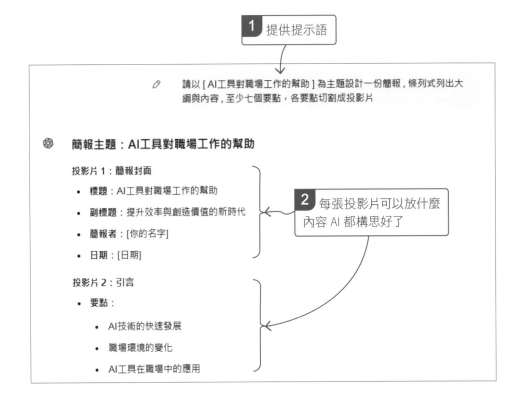

簡報檔的製作是小事，最怕就是沒想法，如上面的做法以 AI 生成簡報大綱，可以瞬間提供您一些靈感，讓您更有條理地展開工作。

☑ 其他構思簡報內容的 prompt 範例

　　如果 AI 生成出來的投影片內容有點粗略，也可以請 AI **規劃更多細節**，當然，在提示語 (prompt) 方面就要指示的更明確了，可以朝底下方向來進行。

例：請 AI 設計投影片 layout

> 請為「**AI 在醫療領域的應用**」**規劃投影片的 layout**，要包含圖片、圖表和文字說明。

---

⑨　**投影片佈局設計：AI 在醫療領域的應用**

投影片標題

AI 在醫療領域的應用

完整範例

> AI 對於簡報的 layout，哪邊可以擺什麼內容描述的更清楚

1. **標題區域**：AI 在醫療領域的應用

2. **導言段落**：AI 技術在醫療保健領域迅速發展，從疾病診斷到治療計劃，顯示出顯著的潛力和效果。

3. **圖片區域**：左側放置一張AI輔助的醫療影像診斷圖片，圖片下方文字：AI輔助的醫療影像診斷

4. **文字說明區域**：右側分段描述AI在疾病診斷、治療計劃和患者監控方面的應用。

   - 疾病診斷：AI 技術在影像分析、病理診斷等方面的應用，提供快速且準確的診斷結果。

   - 治療計劃：AI 輔助制定個性化治療方案，根據患者數據提供最佳治療建議。

   - 患者監控：通過穿戴設備和數據分析，AI 持續監控患者健康狀況，及時預警。

5. **圖表區域**：底部放置條形圖或圓餅圖展示AI技術在醫療領域的市場份額增長趨勢，圖表下方附上數據來源。

例：請 AI 加入更具體的例子

> 請生成一張投影片內容，描述 'AI 工具在金融服務中的應用'，並**包含兩個具體案例**。

⑤　**投影片 1：AI 工具在金融服務中的應用**

投影片內容

┌─────────────────────┐
│ 1. 案例 1：風險管理 │
└─────────────────────┘

- 描述

  - 某大型銀行使用AI技術分析客戶交易數據，提前發現異常行為並採取預防措施，成功降低貸款違約率。

- 成果

  - 通過AI風險管理工具，該銀行的貸款違約率降低了20%，損失減少了數百萬美元。

- 圖片

  - 在右側放置一張銀行業務數據分析的圖片，圖片下方附上簡短說明，如"AI技術分析客戶交易數據"。

┌─────────────────────┐
│ 2. 案例 2：欺詐檢測 │
└─────────────────────┘

- 描述

  - 某支付平台引入AI欺詐檢測系統，實時監控交易活動，迅速檢測並阻止可疑交易。

- 成果

  - 系統上線後，欺詐交易率下降了30%，用戶信任度顯著提高。

- 圖片

  - 在右側放置一張支付平台交易監控的圖片，圖片下方附上簡短說明，如"AI欺詐檢測系統實時監控交易活動"。

↓

▲ 簡報中有實例比較不枯燥, 這部分可以請 AI 發想

TIP　當然, AI 生成的範例多半會是虛構的, 但至少提供了方向, 我們可以順著方向再去蒐集真實案例來套就快多了 (也可以試著請 AI 再生成, 但務必小心查證)。

例：請 AI 提供圖片或圖表建議

 請為 'AI 在客服系統的應用' 投影片**提供一張相關的圖表**, 展示 AI 客服系統如何提高客戶滿意度。

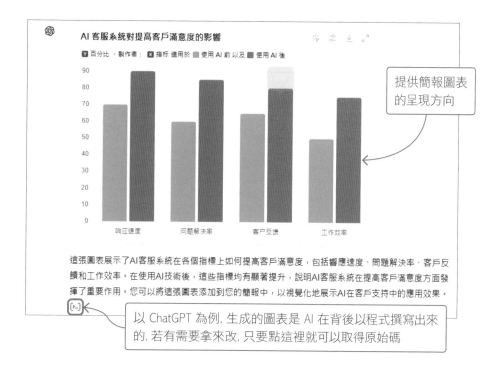

提供簡報圖表的呈現方向

這張圖表展示了AI客服系統在各個指標上如何提高客戶滿意度，包括響應速度、問題解決率、客戶反饋和工作效率。在使用AI技術後，這些指標均有顯著提升，說明AI客服系統在提高客戶滿意度方面發揮了重要作用。您可以將這張圖表添加到您的簡報中，以視覺化地展示AI在客戶支持中的應用效果。

以 ChatGPT 為例，生成的圖表是 AI 在背後以程式撰寫出來的，若有需要拿來改，只要點這裡就可以取得原始碼

　　本節示範用 AI 生成**簡報大綱**，進而構思**內容**、準備**素材**，已經可以幫我們不少忙。如果您希望進一步請 AI 生成**完整的 PowerPoint 簡報檔**，可以參考後續兩節的說明，我們會教您利用專為簡報所設計的 AI 工具更高效地完成簡報製作。

5-3 請 AI 一鍵生成完整的簡報檔

使用 AI　Slides GPT (GPT 機器人)

　　SlideGPT (http://slidegpt.com) 是一款超方便的 AI 簡報工具，它結合了自然語言處理和影像生成技術，只要用文字描述簡報主題，此工具就能自動幫你生成對應的投影片模板，**有圖又有文**，完成度極高。雖然內容不見得完全滿足所需，但至少提供了方向，有需要再修改即可，絕對可以大大節省時間和精力。

☑ 開啟 SlidesGPT AI 機器人

SlideGPT 這個 AI 有在 GPT 商店上架，GPT 機器人的名稱為 **Presentation and Slides GPT: PowerPoints, PDFs**，底下就來用這個工具協助我們生成簡報：

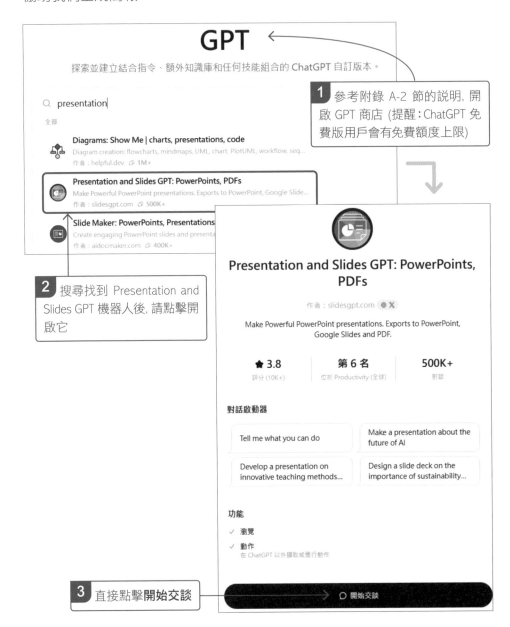

☑ 用 SlidesGPT 機器人一鍵生成簡報檔

底下就來看簡報的生成做法，最簡單就直接下一句 prompt 說明簡報主題：

製作「AI 對職場效率的影響」的投影片

製作「AI 對職場效率的影響」的投影片

 好的，讓我們製作一個關於「AI 對職場效率的影響」的投影片。這個主題的投影片將包括以下幾個部分：

1. 介紹
2. AI 在職場中的應用
3. AI 提高職場效率的具體案例
4. AI 對職場效率的未來展望
5. 結論

1 GPT 機器人會以互動方式進行，先列出概要，然後逐步完成

讓我們開始創建前三張投影片：

主要內容:

- 人工智慧（AI）的定義
- AI 在現代職場中的重要性
- 本演講將涵蓋的主要議題

步驟1：搜索相關圖像

讓我先搜索一張適合介紹AI的圖像。

Presentation and Slides GPT: PowerPoints, PDFs 想與 slidesgpt.com 交談

 允許　　永遠允許　　拒絕

⚠ 只允許你信任的網站。

◁» ▢ ↻ ▽

2 開啟權限才能生成與簡報內容搭配的圖片，請點擊**允許**

例如這是生成的第一張簡報概要,
內容是 AI 建議的報告方向

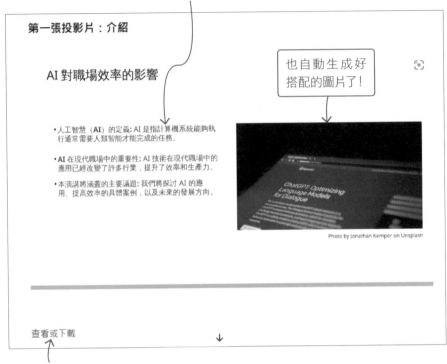

第一張投影片:介紹

AI 對職場效率的影響

也自動生成好
搭配的圖片了!

• 人工智慧(AI)的定義: AI 是指計算機系統能夠執行通常需要人類智能才能完成的任務。

• AI 在現代職場中的重要性: AI 技術在現代職場中的應用已經改變了許多行業,提升了效率和生產力。

• 本演講將涵蓋的主要議題: 我們將探討 AI 的應用、提高效率的具體案例,以及未來的發展方向。

Photo by Jonathan Kemper on Unsplash

查看或下載

接著會依序生成其他投影片頁面, 等最後一張生成好後
點擊這裡即可下載成 PowerPoint 檔, 待會會再詳加介紹

　　請注意, SlideGPT 不見得會一次把所有簡報頁面生成完畢, 過程中可能會詢問是否有需要調整的地方, 若沒有, 輸入 "繼續" 即可:

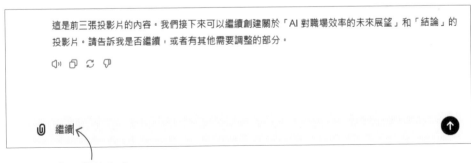

這是前三張投影片的內容。我們接下來可以繼續創建關於「AI 對職場效率的未來展望」和「結論」的投影片。請告訴我是否繼續,或者有其他需要調整的部分。

繼續

請 AI 繼續生成

本例 AI 生成的部分頁面如下, 已經建構出很多內容可以參考了:

當然, 我們還可以要求 SlidesGPT 針對其中某主題做延伸介紹, 充實簡報內容, 例如:

建立「**介紹職場中可使用的熱門 AI 工具**」投影片, 並提供如何使用這些工具的簡要指南。

想要 SlidesGPT 更換簡報佈景主題 / 範本？

經由前面的操作可以看到, SlidesGPT 所生成的投影片佈景主題都挺「素」的, 筆者曾在對話中請 SlidesGPT 修改看看：

請 SlidesGPT 試著生成另一套範本

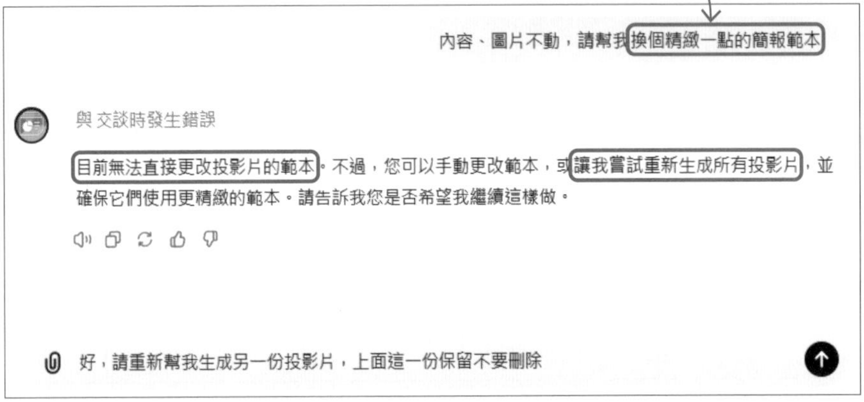

內容、圖片不動, 請幫我 換個精緻一點的簡報範本

與 交談時發生錯誤

目前無法直接更改投影片的範本。不過, 您可以手動更改範本, 或 讓我嘗試重新生成所有投影片, 並確保它們使用更精緻的範本。請告訴我您是否希望我繼續這樣做。

◁)) 🗅 ⟳ 👍 👎

🔗 好, 請重新幫我生成另一份投影片, 上面這一份保留不要刪除　　　↑

如上圖所看到的, SlidesGPT 回答必須重新生成所有內容, 但即便如此, 筆者嘗試的結果是風格不會有太大變化 (甚至會一樣！), 因此就不苛求太多了, 最好的方式還是將上述生成好的簡報檔下載回來自己修改 (若希望 AI 生成**華麗版的簡報**, 可參考下一節的 AI 工具)。

☑ 下載 AI 生成的簡報檔

請 SlidesGPT 機器人生成簡報後, 頁面上會提供下載的連結, 點擊後就會開啟 SlidesGPT 的官網, 可以再度檢視簡報內容並進行下載：

第五張投影片：結論

①點擊 GPT 機器人
頁面附上的連結

查看或下載

這是關於「AI 對職場效率的影響」的完整投影片集。您可以隨時查看或下載完整的演示文稿。如果需要對任何部分進行修改或添加更多內容，請告訴我。

②接著會自動連到 SlidesGPT 官網,
可上下瀏覽頁面來檢視簡報

④多數情況應該還需要針對 AI 生成
的內容做修改, 請點選 Download

③若要以此做為報告, 報告時
直接開啟此連結就可以檢視了

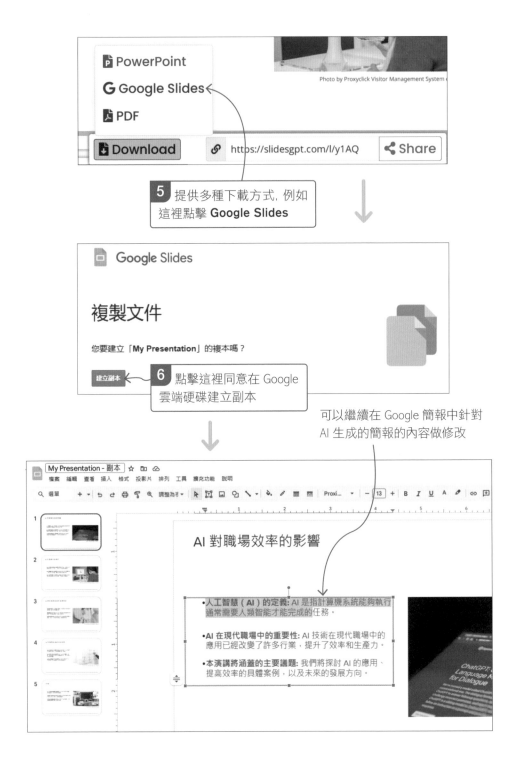

5 提供多種下載方式, 例如
這裡點擊 **Google Slides**

6 點擊這裡同意在 Google
雲端硬碟建立副本

可以繼續在 Google 簡報中針對
AI 生成的簡報的內容做修改

☑ 職場生產力 UP！餵入現成的網頁 / 文字 / PDF / 影片, 參考內容來生成簡報

讀者可能有疑問, 我如果手邊已經有一些資料, 能不能餵給 SlidesGPT 做參考來生成簡報呢？依筆者的測試, 當然可以試試看, 但「好心」的 AI 極有可能生成超出範例的資料, 底下是筆者嘗試請 SlidesGPT **針對某線上教學影片來生成製作簡報**的例子。

首先, 不建議餵入影片網址給 SlidesGPT 參考：

接著, 改嘗試將**擷取出的影片字幕逐字稿**給 SlidesGPT 參考:

取得字幕逐字稿可利用 Youtube & Article Summary 這個 Chrome 外掛, 詳情可參考 3-3 節的教學。若影片沒字幕, 也可以參考 3-4 節的技巧來取得

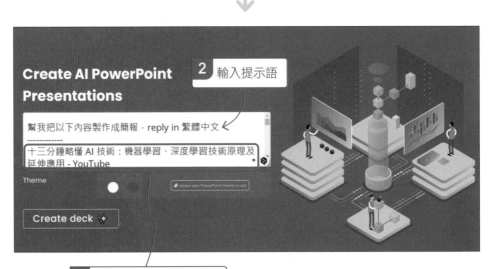

TIP 經測試，文字量若不少，建議分段貼，若餵入的文字太多可能會超出 SlidesGPT 的負荷，導致 AI 無法生成內容：

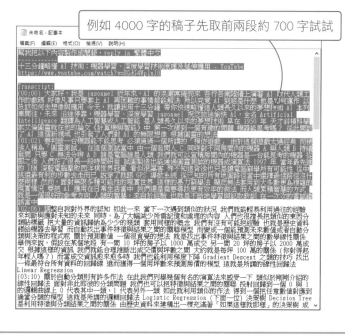

例如 4000 字的稿子先取前兩段約 700 字試試

　　經檢視原稿與 SlidesGPT 生成的結果，給 AI 參考的文字原稿的確有出現在投影片內 (但並非完全匹配，只是主題相近)，但 AI 還是會生成與餵入文字不相干的投影片內容。以本例來說，筆者猜測 AI 會儘量依照首行讀到的「十三分鐘略懂 AI 技術：機器學習、深度學習技術原理及延伸應用」來判斷要生成投影片內容：

SlidesGPT

Agenda

1　簡介：AI 技術概述與應用
2　機器學習基本原理
3　深度學習概念
4　應用領域：影像識別與語音辨識
5　深度學習技術：CNN 與 RNN
6　深度學習發展歷程
7　應用案例：深度學習在行業中的應用
8　技術挑戰與未來展望
9　AI 倫理與社會影響
10　AI 的未來發展趨勢
11　企業應用與個人發展
12　結語：AI 技術影響與轉變

以此例來說，AI 生成的是完整的 AI 技術簡介，至於我們另行餵入的文字資料會用到多少就靠 AI 來判斷了

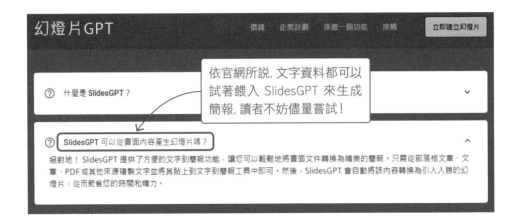

依官網所説, 文字資料都可以試著餵入 SlidesGPT 來生成簡報, 讀者不妨儘量嘗試!

小結

回顧這一節的內容, 我們利用 AI 工具幫我們**一鍵生成完整的簡報檔**, 看起來完成度還可以, 只是要多留意「**文不對題**」的問題, 因此請隨時牢記, AI 所提供的終究只是簡報的參考方向, 所生成的文字內容還是需要您仔細審核, 不可貿然照用, 最終的內容還是需要您親自修改好。

此外, SlidesGPT 生成的簡報範本看起來**稍嫌陽春**, 下一節會介紹 **Gamma** 這個 AI 簡報工具, 其強項是提供更多樣化的模板和設計選項, 可讓您製作出來的簡報更具吸引力!

5-4 請 AI 一鍵生成精美簡報

使用 AI ▶ Gamma AI

從無到有製作出資訊清晰、視覺美觀的簡報, 確實是一項不小的挑戰, **Gamma** 是一款近來在社群爆紅的免費 AI 簡報生成工具, 相比前一節介紹的 SlidesGPT, Gamma 具備更精美的設計功能, 可以自動生成專業、美觀的簡報模板以及簡報內容, 是您千萬不可錯過的好用 AI 簡報工具。

☑ 到 Gamma 官網註冊免費帳號

　　首先, 請連到 Gamma 官網 (https://gamma.app/zh-TW) 申請一個帳號來使用:

若出現一些用途調查, 依畫面指示一步步完成即可

☑ 輸入提示語, 請 Gamma AI 一鍵生成精美簡報

不論是想在部門會議中做報告, 還是準備重要的業務提案, 若一開始什麼頭緒都沒有, 最快的做法就是**直接輸入提示語給 AI**, 請它生成簡報範本給您來個腦力激盪！這是最有效率的起手式, 只需幾個步驟即可完成：

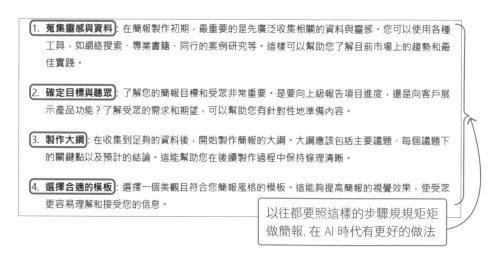

1. **蒐集靈感與資料**：在簡報製作初期, 最重要的是先廣泛收集相關的資料與靈感。您可以使用各種工具, 如網絡搜索、專業書籍、同行的案例研究等。這樣可以幫助您了解目前市場上的趨勢和最佳實踐。

2. **確定目標與聽眾**：了解您的簡報目標和受眾非常重要。是要向上級報告項目進度, 還是向客戶展示產品功能？了解受眾的需求和期望, 可以幫助您有針對性地準備內容。

3. **製作大綱**：在收集到足夠的資料後, 開始製作簡報的大綱。大綱應該包括主要議題、每個議題下的關鍵點以及預計的結論。這能幫助您在後續製作過程中保持條理清晰。

4. **選擇合適的模板**：選擇一個美觀且符合您簡報風格的模板。這能夠提高簡報的視覺效果, 使受眾更容易理解和接受您的信息。

以往都要照這樣的步驟規規矩矩做簡報, 在 AI 時代有更好的做法

請連到 Gamma 的首頁 (https://gamma.app/zh-TW), 照以下步驟進行操作：

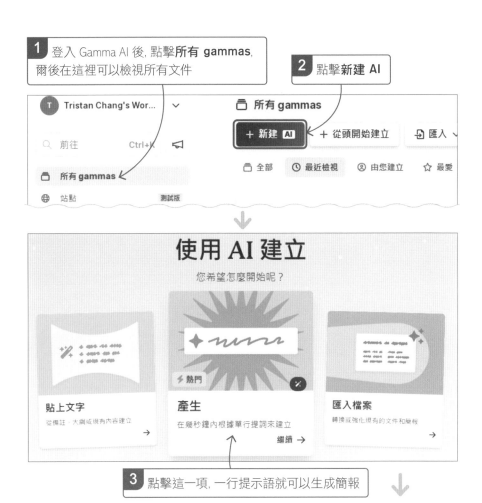

1 登入 Gamma AI 後, 點擊**所有 gammas**, 爾後在這裡可以檢視所有文件

2 點擊**新建 AI**

3 點擊這一項, 一行提示語就可以生成簡報

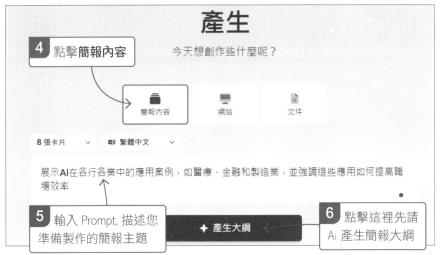

4 點擊**簡報內容**

5 輸入 Prompt, 描述您準備製作的簡報主題

6 點擊這裡先請 Ai 產生簡報大綱

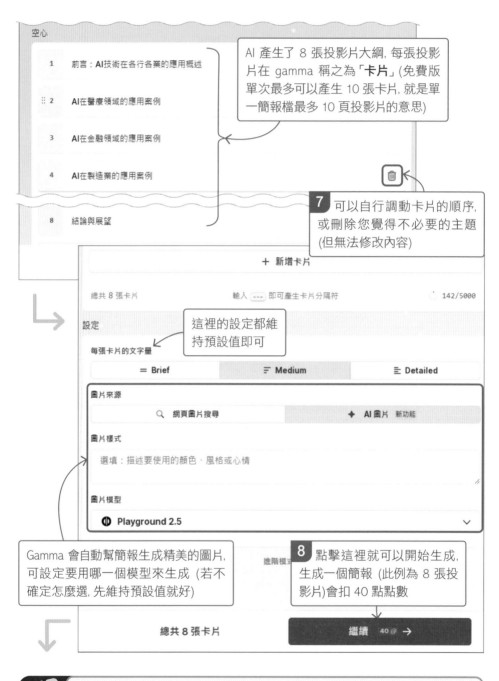

AI 產生了 8 張投影片大綱, 每張投影片在 gamma 稱之為「**卡片**」(免費版單次最多可以產生 10 張卡片, 就是單一簡報檔最多 10 頁投影片的意思)

7 可以自行調動卡片的順序, 或刪除您覺得不必要的主題 (但無法修改內容)

這裡的設定都維持預設值即可

Gamma 會自動幫簡報生成精美的圖片, 可設定要用哪一個模型來生成 (若不確定怎麼選, 先維持預設值就好)

8 點擊這裡就可以開始生成, 生成一個簡報 (此例為 8 張投影片)會扣 40 點點數

TIP 當您註冊 Gamma 時可免費獲得 400 點 AI 點數, 用來體驗 Gamma 的 AI 簡報生成品質非常足夠了。

9 在畫面右邊挑選想要的佈景主題

10 點擊**產生**鈕後就會開始生成簡報

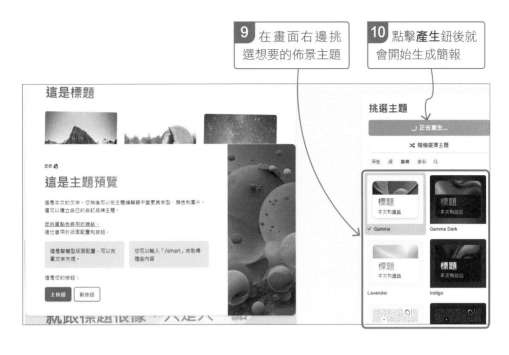

不用一分鐘 Gamma 就會生成好簡報檔了，接著，會在 Gamma 的簡報編輯畫面開啟所生成的內容，讓您從內容生成到編輯都可以在單一平台一次完成，十分方便：

從圖片、標題、到講稿，全是 AI 幫我們生成的

在編輯畫面中可利用編輯功能直接調整簡報內容

從上圖可以明顯看到, 不管是搭配的圖片品質, 或者簡報細節元素, Gamma 生成的內容都比前一節介紹的 SlidesGPT 精美不少:

▲ 輕鬆生成精美的簡報

☑ 使用全能的 AI 助理編輯簡報內容

在 Gamma 的**簡報編輯畫面**中, 相關的版面配置、置入圖表⋯功能都和一般簡報編輯軟體大同小異, 在此就不著墨太多, 倒是裡面有些特別的 AI 功能可以好好利用。例如, 當中的 **AI 編輯**功能就很值得一試:

接著會開啟可跟 AI 對話的**側邊欄**, 這裡就像跟 ChatGPT 等 AI 機器人聊天一樣, 只不過話題都是聚焦在**如何修改簡報內容** (等於就是你的簡報修改助理啦!)

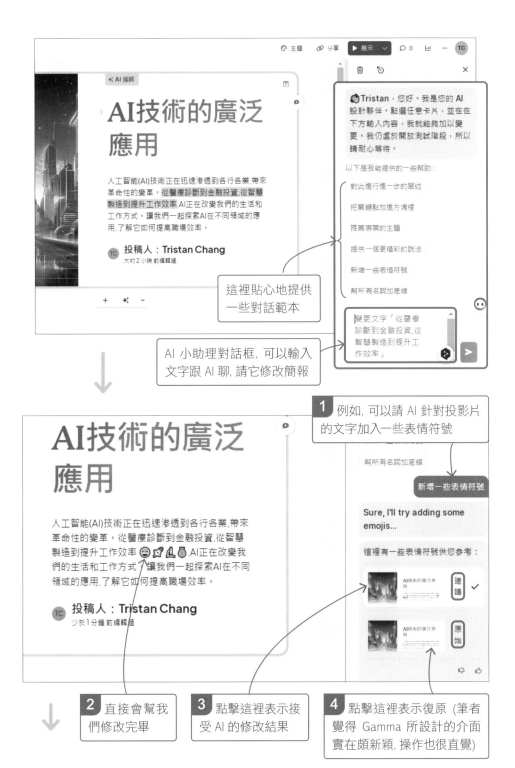

這裡貼心地提供一些對話範本

AI 小助理對話框, 可以輸入文字跟 AI 聊, 請它修改簡報

1 例如, 可以請 AI 針對投影片的文字加入一些表情符號

2 直接會幫我們修改完畢

3 點擊這裡表示接受 AI 的修改結果

4 點擊這裡表示復原 (筆者覺得 Gamma 所設計的介面實在頗新穎, 操作也很直覺)

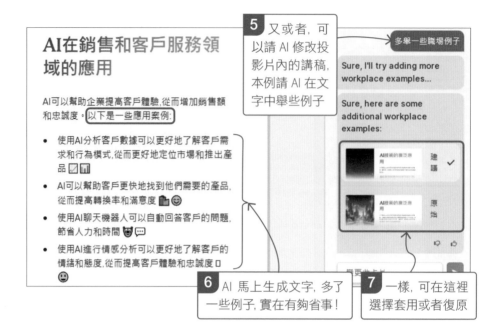

☑ 餵入簡報大綱, 請 AI 一鍵生成精美簡報

前面介紹的是**單憑一個想法就生成簡報內容**, 如果您本身已經構思好簡報大綱, 不論是自己辛苦規劃來的, 或者利用前面介紹過的 AI 工具生成後再修改而來, 都可以利用 Gamma 將這些內容轉化為**精美的完整簡報**:

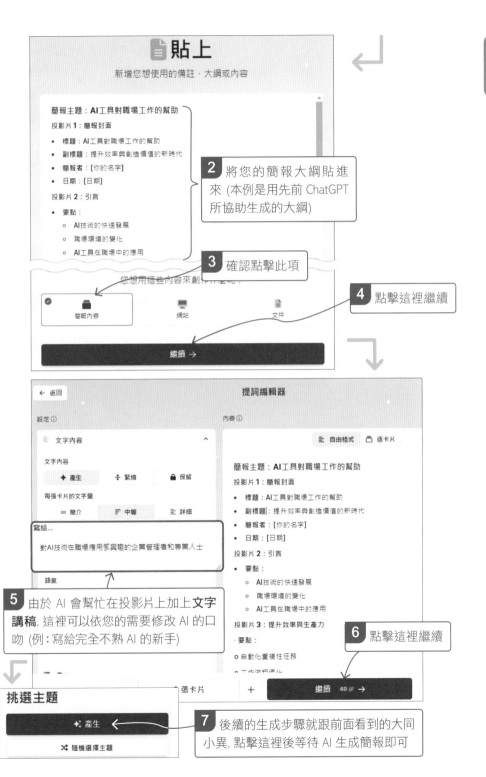

我們來看 AI 幫我們的簡報
大綱做了哪些「加工」：

投影片 5：個性化與精準行銷

- 要點：　（生成前）
  - 客戶數據分析
  - 個性化行銷策略
  - 提升客戶滿意度

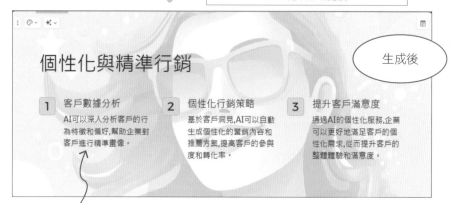

（生成後）

還多生成了講稿供您參考

投影片 6：人力資源管理

- 要點：　（生成前）
  - 自動化招聘流程
  - 員工績效分析
  - 員工培訓與發展

（生成後）

原先陽春的內容三兩子就轉化成精美的簡報，這樣應該明顯感受到 AI 的威力了吧！

☑ 簡報的分享與下載

完成簡報後，您可以輕鬆**分享或下載回電腦**，方便在各種場合中使用。Gamma AI 提供多種分享和下載選項，可以滿足各種需求：

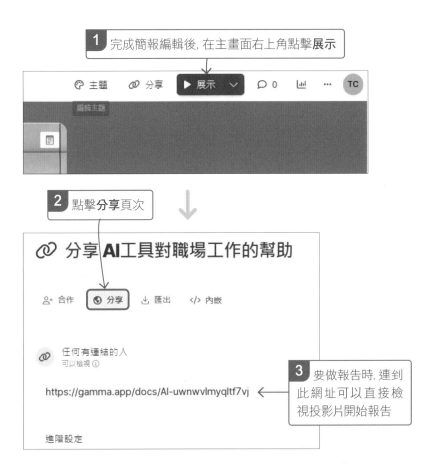

1 完成簡報編輯後，在主畫面右上角點擊**展示**

2 點擊**分享**頁次

3 要做報告時，連到此網址可以直接檢視投影片開始報告

當然，Gamma 也支援最多人用的 PowerPoint 格式：

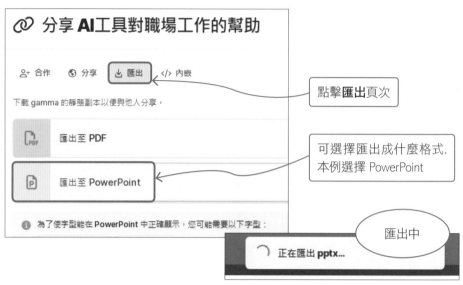

點擊**匯出**頁次

可選擇匯出成什麼格式,
本例選擇 PowerPoint

匯出中

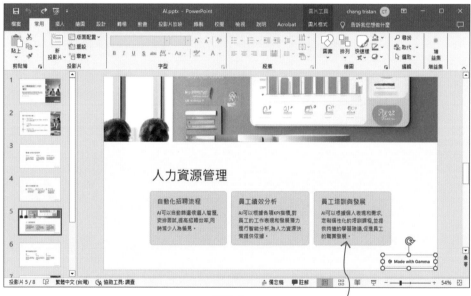

這是在 Powerpoint 上開啟的樣子, 看出來跟
Powerpoint 的相容性不錯, 簡報格式都沒有跑掉

　　經過體驗, Gamma 實在是**職場工作者製作簡報的絕佳利器**, 其獨特的
AI 簡報功能提供了前所未有的方便性, 筆者強烈推薦您務必親自試用種種
AI 功能, 相信一旦用過 Gamma, 您再也回不去傳統的簡報製作方式了!

6
CHAPTER

翻譯 AI

自訂翻譯風格、全文對照翻譯，
效率提升百倍的 AI 助手

請機器協助翻譯早就盛行一段時間了, 最著名的當然就是 **Google 翻譯**, 而在 ChatGPT、Copilot…等 AI 機器人問世後, 機器 (AI) 翻譯出來的品質更是大大提升。請 AI 翻譯的提示語 (prompt) 看似一句簡單的 "幫我翻成中文" 就可完成, 然而 AI 翻譯其實有很多細部的用法, 也有很多比「花時間複製、貼上請 AI 翻譯」方便一百倍的翻譯工具可以使用, 若您工作上經常需要處理翻譯工作, 千萬不可錯過本章的介紹。

6-1 提升 AI 聊天機器人翻譯品質的技巧

使用 AI AI 聊天機器人 (ChatGPT、Copilot、Gemini、Claude…都可以)

你可能會好奇, 市面上早就有 Google 翻譯、微軟翻譯、DeepL 等翻譯工具, 為什麼還要用 AI 聊天機器人來翻譯呢？以往的翻譯軟體的用法非常簡單, 我們只需提供原文就可以得到翻譯結果, 但相對的, 針對翻譯結果能再做的調整非常有限:

▲ 使用 Google 翻譯, 就算翻譯結果不滿意, 也…不能怎樣…

用 ChatGPT 等 AI 聊天機器人就不一樣囉！AI 聊天機器人和那些翻譯軟體最大的不同就在於**可跟 AI 互動來做客製化**，例如我們可以根據需求請 AI 調整方向，例如調整語氣和文字風格、考慮詞義中的文化內涵和地區差異等，這些都是一般翻譯工具無法做到的：

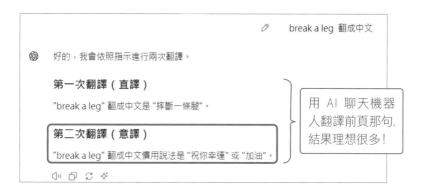

用 AI 聊天機器人翻譯前頁那句，結果理想很多！

用 AI 聊天機器人翻譯很簡單，只要提供要翻的文字並指定想要翻成的語言，AI 就會如上圖提供結果。但建議讀者翻譯前多交代一些提示語，或做一些前置設定，例如輸出形式、語調、翻譯情境等 (上圖先**直譯**再**意譯**就是我們指定後的結果，方法等一下就會提到)，相關技巧請參考以下內容。

☑ 技巧一：提供背景資訊

AI 聊天機器的優勢之一是能夠在生成翻譯時準確考慮到文字的上下文，也會考慮到文字在特定環境下的意涵。翻譯時可以提供 AI 像底下這樣的背景資訊：

以市場營銷專家的角度，將以下內容翻譯成中文，使用適當的行銷術語而不是直譯。
(貼上翻譯內容或夾檔)

將以下內容翻譯成中文。這段內容討論了一個新產品的推出策略，需要使用適當的市場分析用語。
(貼上翻譯內容或夾檔)

請將以下內容翻譯成中文，並使用適當的行銷術語，而不是直譯。

Unlock the Power of Efficient Communication with Our New Stationery Products

In today's fast-paced business environment, efficient communication is the key to success. Our new range of stationery products is designed to help you streamline your workflow and enhance productivity. Whether you're in the office or working remotely, our products ensure that your communication is clear, concise, and professional.

Key Features:

Premium Quality: Made from high-quality materials to ensure durability and a professional look.
Eco-Friendly: Our products are made from recycled materials, making them an environmentally friendly choice.
Versatile Design: Suitable for various purposes, from note-taking to formal correspondence.
Innovative Technology: Integrated with smart features that allow you to sync your notes with digital devices effortlessly.
Experience the difference with our stationery products and take your communication to the next level. Visit our website to learn more and place y order today!

例如這是一份海外總部提供的產品行銷文案

解鎖高效溝通的力量，盡在我們全新文具產品

在當今快節奏的商業環境中，高效溝通是成功的關鍵。我們全新系列的文具產品旨在幫助您簡化工作流程，提高生產力。無論您是在辦公室還是遠程工作，我們的產品都能確保您的溝通清晰、簡潔且專業。

產品亮點：

頂級品質：採用高品質材料製作，確保耐用性和專業外觀。
環保之選：我們的產品由回收材料製成，是環保的理想選擇。
多功能設計：適用於各種用途，從筆記記錄到正式書信。
創新科技：內建智能功能，讓您輕鬆將筆記與數位設備同步。
親身體驗我們的文具產品，將您的溝通提升到全新水平。立即訪問我們的網站了解更多資訊並下單！

跟下圖的 Google 翻譯比起來，文案像是進一步潤飾過的

優質：採用優質材料製成，確保耐用性和專業外觀。
環保：我們的產品由回收材料製成，是環保的選擇。

☑ 技巧二：說明文件類型

另一個好方法是直接說明要被翻譯的文字是屬於什麼文件，例如報表、合約、法律文件⋯等：

> 將以下內容 翻譯成 [目的語言]。這份內容是 [財務報表/ 商業合約 / 員工守則 / 條款 / 法律文件]。

翻譯商業合約部份內容

✎ 　將以下內容 翻譯成繁體中文，這是一份商業合約範本說明。

This is a sample text for a business contract. It outlines the terms and conditions under which both parties agree to cooperate. The contract includes clauses on confidentiality, payment terms, and dispute resolution. It is crucial to ensure that all parties understand and agree to these terms to avoid any future conflicts. The contract will be effective from the date of signing and will remain in effect until terminated by either party with prior notice.

⑥ 　這是一份商業合約範本說明。此合約概述了雙方同意合作的條款和條件。合約包括保密條款、付款條款和爭議解決條款。確保所有方了解並同意這些條款以避免未來的任何衝突是至關重要的。合約將從簽署之日起生效，並在任何一方提前通知後終止。

☑ 技巧三：設定目標受眾

有時翻譯結果可能會太技術、有地域性差異而不適合目標受眾。可以請 AI 聊天機器人幫忙調整翻譯的語氣和風格，以匹配目標受眾：

> 將以下內容翻譯為 [目標語言], 提供給 [年齡 / 年級 / 性別 / 職業 / 地區等] 受眾使用。

翻譯一段玩具產品的文案, 設定了閱讀的對象

> ∅ 將以下內容翻譯為繁體中文, 提供給國小六年級生閱讀。
>
> ----
>
> Introducing the Ultimate Fun Toy for Kids!
>
> Are you ready for endless hours of fun and creativity? Our new Ultimate Fun Toy is here to spark your imagination and keep you entertained. Designed specifically for kids aged 6 to 12, this toy offers a unique blend of education and entertainment.
>
> Features:
>
> Interactive Play: Engage with various components to build, create, and discover.
> Educational Value: Learn basic principles of science and engineering while playing.

> ⑤ 介紹終極趣味玩具給孩子們!
>
> 你準備好迎接無盡的樂趣和創意嗎? 我們全新的終極趣味玩具來了, 點燃你的想像力, 讓你玩得開心。這款專為6至12歲孩子設計的玩具, 結合了教育與娛樂的特色。
>
> 特色:
>
> 互動遊戲: 使用各種元件進行建造、創作和發現。
> 教育價值: 在遊玩中學習科學和工程的基本原理。
> 安全耐用: 採用高品質、無毒材料製成, 對孩子們安全。
> 易於使用: 簡單的說明讓孩子們可以獨立遊玩, 培養創造力和解決問題的能力。
> 今天就加入冒險之旅, 探索終極趣味玩具的世界。非常適合與朋友一起玩、當作生日禮物, 或只是宅在家裡玩得開心。讓樂趣開始吧!

有指定閱讀的對象, 翻譯起來似乎就比沒指定對象 (下圖) 來的好

> 立即加入這場冒險, 探索終極趣味玩具的世界。這是約會遊玩、生日禮物或在家中度過愉快一天的完美選擇。讓樂趣開始吧!

　　這一節介紹了幾個請 AI 機器人翻譯的調整技巧, 使用 AI 機器人翻譯最大的好處就是**互動性高**, 除了翻譯前指定外, 您也可以把對翻譯結果的意見告訴 AI, 請它再調整, 這些都有助於讓 AI 翻譯出您想要的結果, 當然, 最終翻譯的好壞還是要由您自行判斷。

6-2 經常請 ChatGPT 翻譯時的便捷技巧

使用AI ChatGPT

　　如果你需要翻譯大量的文件，有些 AI 聊天機器天提供了簡化 Prompt 輸入的功能，例如 ChatGPT 當中的**自訂 ChatGPT** 是非常好用的設計，只要事先設定好希望 ChatGPT 回答的形式，之後每次開啟對話框貼上原文就可以送出請 AI 直接翻譯，不用再下提示語交代翻譯細節。

　　首先請連到 ChatGPT 首頁 (https://chatgpt.com)，從工具列開啟**自訂 ChatGPT** 功能：

　　接著會跑出兩個欄位，第一個欄位是指定 ChatGPT 要擔任的角色，第二個欄位要教 ChatGPT 怎麼回答，底下提供請 ChatGPT 翻譯的例子給讀者參考：

第一個欄位：

你是一位精通 [想要翻譯成哪個語言] 的專業翻譯，曾參與 [某個出版品 / 媒體等] 的 [某語言] 版本的翻譯工作，因此對於 [某種文體] 的翻譯非常瞭解。希望你能協助將以下 [要翻譯的內容形式] 翻譯成 [目標語言]，風格與上述 [某個出版品 / 媒體等] 相似。

第二個欄位：

- 翻譯請準確傳達事實和背景。
- 保留原文專業術語或專有名稱，並在其前後加上空格，例如 " 此時 Meta 做出回應 "。

接下頁

- 需要分成兩次翻譯，兩次的翻譯結果都要列出來。

- 第一次先根據內容直譯，所有訊息都需要翻譯出來。

- 接著將第一次直譯的結果再進行重新意譯。在保持原意的前提下，讓內容調整為 [某特定文化 / 語言] 慣用的講法，讓翻譯結果更通俗易懂。

- 這兩次的翻譯都要重新比對原文，如果有找到不符合原意或是被遺漏的字句，需要補充到下一輪的翻譯當中。

請 AI 直譯後再意譯的技巧，讀者可多加利用

自訂 ChatGPT

1 例如這是筆者慣用的例子，首先描述「希望 ChatGPT 擔任的角色」

自訂指令 ⓘ

你希望 ChatGPT 了解哪些關於你的資訊，以便提供較好的回應？

你是一位精通台灣繁體中文的專業翻譯，曾參與 <The Quick Python> 繁體中文版的翻譯工作，因此對於資訊科技和技術文章的翻譯有深入的理解。希望你能協助將以下技術文章的內容段落翻譯成繁體中文，風格與上述書籍的繁體中文版本相似。

120/1500

2 指定 ChatGPT 回答的方式

你希望 ChatGPT 如何回應？

翻譯請準確傳達事實和背景。

保留原文專業術語或專有名稱，並在其前後加上空格，例如 "此時 Meta 做出回應"。

需要分成兩次翻譯，兩次的翻譯結果都要列出來。

233/1500

啟用新交談 ⬤

取消　儲存

設定好之後，筆者直接貼上一段英文來做翻譯，沒下其他的提示語，而 ChatGPT 確實有照需求執行，翻譯的操作變得很有效率：

直接貼上英文，其他提示語都不加

strengthens relationships among team members. To improve communication skills, it is important to be clear and concise, use appropriate body language, and be open to feedback. Regular team meetings and one-on-one check-ins can also facilitate better communication and keep the team aligned with goals and expectations.

1 第一次直譯

第一次直譯

在工作場所中，有效的溝通對於促進生產力和和諧的環境至關重要。它包括清楚地傳達想法、積極傾聽和提供建設性的反饋。良好的溝通有助於防止誤解、解決衝突，並確保每個人都在同一頁上。它還增強了合作並加強了團隊成員之間的關係。為了改善溝通技巧，重要的是要清晰簡潔，使用適當的肢體語言，並對反饋持開放態度。定期的團隊會議和一對一的檢討也可以促進更好的溝通，並使團隊與目標和期望保持一致。

第二次意譯

在工作場所中，有效的溝通是創造一個高效和諧環境的關鍵。這包括清楚地表達想法、積極傾聽以及提供有建設性的回饋。良好的溝通可以防止誤解，解決衝突，確保所有人對事情有相同的理解。它還能增強合作和團隊成員之間的關係。為了提升溝通技巧，應該做到言簡意賅、使用合適的肢體語言，並樂於接受反饋。定期舉行團隊會議和一對一的面談也能促進更好的溝通，確保團隊目標和期望一致。

2 第二次意譯，有變得更貼近日常講法

6-3 AI 幫你做 PDF 原文 / 譯文對照翻譯，快又方便！

使用 AI 沉浸式翻譯 (Chrome 瀏覽器外掛)

　　如果您工作上經常需要閱讀**原文**的 PDF 或電子書，那千萬不能錯過**沉浸式翻譯**這個好用的翻譯工具，它是一個 Chrome 瀏覽器外掛，可以在保留原文排版的情況下幫我們做 PDF 的翻譯。更棒的是，閱讀時可以同時看到原文 / 譯文的對照內容，可以大大省卻來回切換閱讀的麻煩。

沉浸式翻譯 - 網頁翻譯擴充 | PDF翻譯 | 免費

⊘ immersivetranslate.com　◉ 精選商品　4.7 ★ (888 個評分)

擴充功能　工具　1,000,000 使用者

▲ 請先參考附錄 A-3 節 的說明, 開啟 Chrome 外掛商店安裝此好外掛

TIP　使用前請注意！**沉浸式翻譯**工具處理的 PDF 不能是圖片格式, 否則在匯入時就會看到下圖的訊息, 最簡單的判別方法就是在 PDF 檔上面, 如果能夠複製貼上文字, 它就可以上傳到**沉浸式翻譯**做處理。如果不能複製貼上就是圖片格式的 PDF：

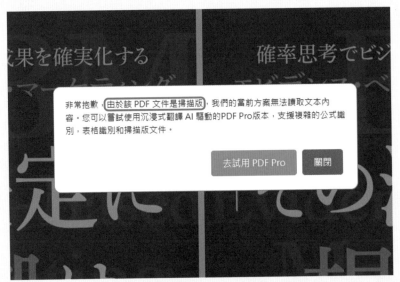

▲ 說明無法翻譯圖片格式 (掃描版) 的 PDF

若您無論如何需要翻譯文件, 可點擊上圖的**去試用 PDF Pro**, 付費申請 Pro 版會員, 後續就可以利用它的 AI 圖片辨識功能來輔助翻譯, 礙於篇幅這裡就不示範了, 有興趣可以查看 https://app.immersivetranslate.com/pdf-pro/ 所列的相關資訊。

☑ 使用沉浸式翻譯工具快速翻譯 PDF / 電子書

底下就來看如何使用沉浸式翻譯工具來翻譯 PDF 或者電子書吧！

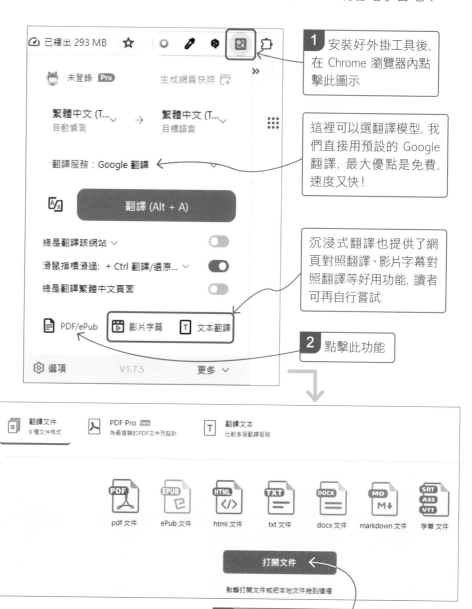

1 安裝好外掛工具後，在 Chrome 瀏覽器內點擊此圖示

這裡可以選翻譯模型，我們直接用預設的 Google 翻譯，最大優點是免費，速度又快！

沉浸式翻譯也提供了網頁對照翻譯、影片字幕對照翻譯等好用功能，讀者可再自行嘗試

2 點擊此功能

3 接著會開啟此工具的網站，點擊這裡上傳文件，或直接將要翻譯的 PDF 拉曳到畫面中

這裡可以選不同的翻譯引擎，本例只是想粗略了解內容，Google 翻譯夠用了

5 翻譯結果會儘量保留原文的排版，方便您做對照

6 點擊這裡可以下載中譯後的 PDF

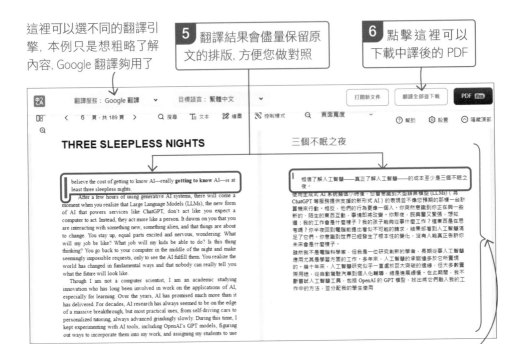

4 接著會立即進行翻譯，若頁數很多就靜待翻譯完成即可 (以筆者翻譯 189 頁約耗時 8 分鐘)

在下載的畫面中，若還沒翻完，這裡會顯示翻譯進度

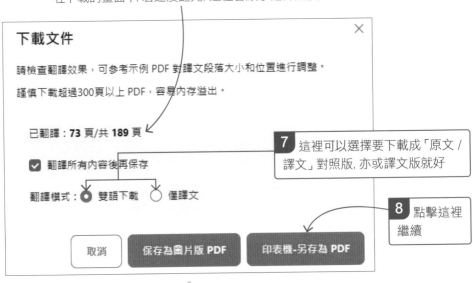

7 這裡可以選擇要下載成「原文 / 譯文」對照版，亦或譯文版就好

8 點擊這裡繼續

列印 　378 頁

目的地　　　　　另存為 PDF

網頁　　　　　　全部

每張工作表頁數　1

邊界　　　　　　預設值

選項　　　　☑ 頁首及頁尾
　　　　　　☐ 背景圖形

9 在**列印**畫面中點擊此項，再執行**列印**，就會將內容存成 PDF 了

---

has been building simulations that teach business skills. It has taken tremendous investment from my university, and the efforts of a dozen talented people, to build these elaborate digital experiences. After thousands of hours, the games were great; using thousands of lines of code, we could do elaborate learning simulations that helped teach skills like negotiation. But I decided to type something into ChatGPT:

> You will be my negotiation teacher. You will simulate a detailed scenario in which I have to engage in a negotiation. You will fill the role of one party, I will fill the role of the other. You will ask for my response in each step of the scenario and wait until you receive it. After getting my response, you will give me details of what the other party does and says. You will grade my response and give me detailed feedback about what to do better using the science of negotiation. You will give me a harder scenario if I do well, and an easier one if I fail.

ChatGPT wrote back:

> Sure, I'd be happy to help you practice negotiations through a simulation exercise! Let's start with a simple scenario. You are a salesperson trying to sell 100 pens to a customer. The pens are usually $1, but the customer is trying to negotiate the price down. The customer starts by offering to buy the pens for $0.50 each. How do you respond?

因此，我決定要親自實踐並測試人工智慧的實際情況。一直在建立教授商業技能的模擬。為了打造這些精緻的數位體驗，我的大學投入了大量資金。並需要十幾位人才的努力、經過數千小時後，遊戲非常棒。使用數千行程式碼，我們可以做精心設計的學習模擬，有助於教授談判等技能。但我決定在 ChatGPT 中輸入一些內容：

> 你將成為我的談判老師，您將模擬一個我必須進行談判的詳細場景。您將扮演一方的角色，我將扮演另一方的角色。您將在場景的每一步中詢問我的回答，並等待直到收到，收到我的回覆後，您將對我的回答進行分析，並向我提供詳細的回饋，告訴我如何利用談判科學做得更好。如果我做得好，你會給我一個更困難的場景。如果我失敗了，你會給我一個更容易的場景。

ChatGPT 回信說：

> 當然，我很樂意幫助您透過模擬練習繼續談判！讓我們從一個簡單的場景開始吧，您是一名銷售人員，試圖向客戶出售 100 支鋼筆。這些鋼筆的售價通常為 1 美元，但客戶正在試圖談判將價格壓低。客戶首先提出以每支 0.50 美元的價格購買鋼筆。你如何回答？

Until one day he started to malfunction

That is terrible in every way that matters. It doesn't rhyme, it doesn't have a punch line, and it is super boring. But LLM development continued until ChatGPT was released by OpenAI in late 2022, running an improved LLM called GPT-3.5.

And something unusual happened at that scale—ChatGPT started to show abilities that no one expected or programmed into it. Abilities that make it seem humanlike. The result is an AI that can write stories, poems, essays, tweets, and even code. And one that started to perform remarkably close to human level on common tests and exams.

But those are just statistics. The true challenge of AI, as we know, is limericks:

> There once was a tech called AI,
> Whose intelligence was quite high,
> It learned and it grew,
> And knew what to do,
> But still couldn't tell a good joke if it tried.

Much, much better, and actually a little bit funny. But the last line is stretching the rhyme scheme a bit. Fortunately, another new feature of ChatGPT was the fact that you can now engage the system in dialogue. So I can complain about the last line ("But 'tried' doesn't rhyme with 'high'), and it will correct it.

My apologies! Here's a revised limerick:

> There once was a tech called AI,

直到有一天他開始故障

從各方面來說確都是可怕的，它不押韻，沒有妙語，而且超級無聊。但 LLM 的開發仍在繼續，直到 OpenAI 在 2022 年底發布 ChatGPT，運行名為 GPT-3.5 的改進版 LLM。

在這種規模上發生了一些不尋常的事情——ChatGPT 開始展現出無人預料或編程的能力，使其看起來像人類的能力。結果是人工智慧可以寫故事、詩、散文、推文，甚至是程式碼。看見常見的測驗和測驗中，它的表現開始非常接近人類水準。

但這些只是統計數據，正如我們所知，人工智慧的真正挑戰是打油詩：

> 曾經有一種技術叫AI，
> 其智力相當高，
> 它學習並成長，
> 並且知道該做什麼，
> 但卻使會說，還是無法講一個好笑話。

好多了，而且實際上有點有趣。但最後一行稍微延長了韻律方案。幸運的是，ChatGPT 的另一個新功能是您現在可以與系統對話。所以我可以抱怨最後一行（「但是'嘗試'與'高'不押韻），它會糾正它。

某很抱歉！據是修改後的打油詩：

> 曾經有一種技術叫AI，

對照版的頁面展示。以後閱讀原文 PDF 方便多了！

若您想追求更好的 PDF / 電子書翻譯品質，沉浸式翻譯工具也有導入 ChatGPT、Gemini 等 AI 聊天模型來翻譯，大致的做法如下：

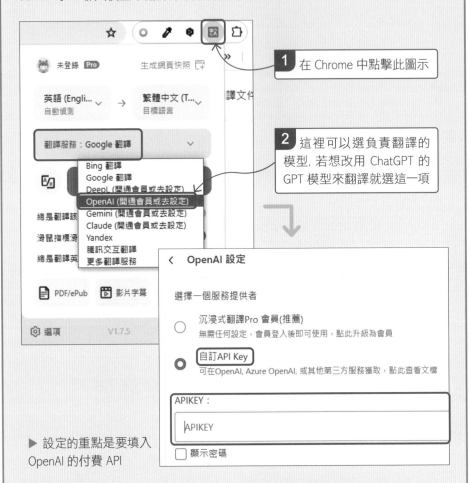

1 在 Chrome 中點擊此圖示

2 這裡可以選負責翻譯的模型，若想改用 ChatGPT 的 GPT 模型來翻譯就選這一項

▶ 設定的重點是要填入 OpenAI 的付費 API

使用能力更強的 GPT 模型固然可以得到好的翻譯品質，但缺點就是要付費，而且翻譯的速度絕對比不上免費的 Google 翻譯 (**註**：付費模型可能會花上數小時來翻譯)，但您若有需求，可以連到 OpenAI 的付費 API 網站 (https://platform.openai.com) 了解更多資訊。

以「**高 CP 值 + 效率至上**」的角度來看，筆者建議不妨先用預設的 Google 翻譯模型來翻譯 (畢竟完全免費)，若翻譯出來的結果有看不懂的地方，再手動複製原文貼到 ChatGPT 等 AI 聊天機器人繼續處理即可。

7

CHAPTER

客服 AI

留言擬稿、產品疑難解答，
AI 讓小編、客服變輕鬆！

從事**客服相關工作**, 接電話、回信、回訊息是不是讓你回到手軟？別擔心, 用 AI 來救援吧！本章將介紹客服工作的 AI 輔助技巧, 包括**用 AI 幫社群小編擬回覆內容**, 或是建立一個**客服 AI 機器人**, 讓它學習產品資料, 自動回答消費者的各種問題。善用這些智慧工具, 可以大大減輕客服工作的負擔！

7-1　一大堆留言待處理…用 AI 當小編的客服助手！

使用 AI ▶ Monica AI

從事社群行銷工作的小編們不僅要撰寫貼文, 還得經常回覆留言, 尤其新品上市或行銷活動期間, 留言數量往往暴增, 讓人應接不暇…其實像**回文**這種繁雜的工作也可以用 AI 來協助處理喔！

這裡要使用的 **Monica AI** 在前面章節就出現過, 這是一款功能強大的 Chrome 瀏覽器外掛。基本上, Monica 就像一個以 ChatGPT 為基礎所訓練出來的 AI, 以回覆 FB 留言為例, Monica 就提供了 **AI 回覆**功能, 能幫我們快速閱讀留言判斷來意, 想要請 AI 擬回覆內容的話也可以 (每天有 40 則的免費額度), 這樣就大大節省了爬文的時間, 底下簡單做個示範。

☑ 用 AI 快速讀取留言, 並自動擬定回覆內容

▲ 請先參考附錄 A-3 節的介紹, 安裝好 Monica AI 這個 Chrome 外掛, 並熟悉基本的使用方式

1 當您安裝好 Monica 瀏覽器外掛後, 打開任一則 **FB 貼文**檢視留言時, 留言的旁邊就可以看到 **AI 回覆**功能:

> **1** 貼文的底下會出現 **AI 回覆**功能, 點擊後就可以請 AI 幫我們擬對於這篇貼文的回覆, 但本例是要處理留言, 因此不點擊此項目

> **2** 先點擊留言

2 如下圖所示, 在每則留言旁邊也都可以看到 ⓒ **快速撰寫**小幫手, 這是幫我們回覆留言的好幫手:

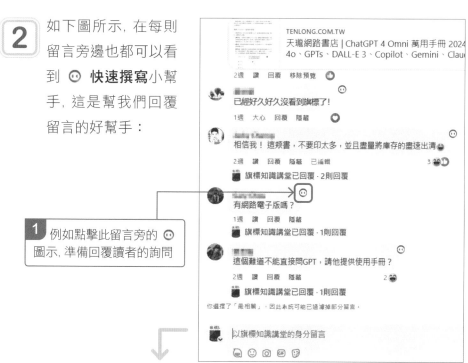

> **1** 例如點擊此留言旁的 ⓒ 圖示, 準備回覆讀者的詢問

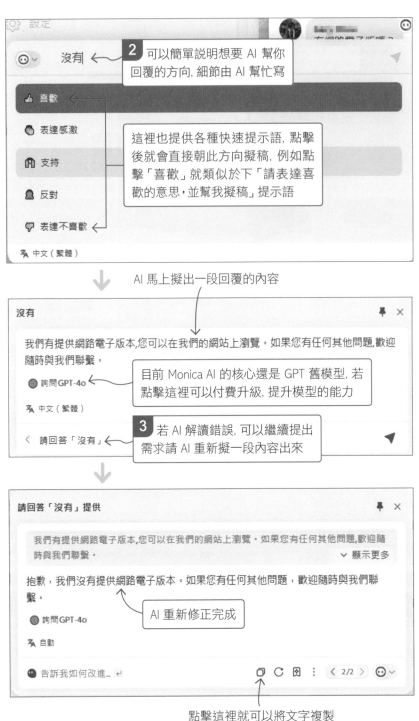

2 可以簡單說明想要 AI 幫你回覆的方向, 細節由 AI 幫忙寫

這裡也提供各種快速提示語, 點擊後就會直接朝此方向擬稿, 例如點擊「喜歡」就類似於下「請表達喜歡的意思,並幫我擬稿」提示語

AI 馬上擬出一段回覆的內容

沒有

我們有提供網路電子版本,您可以在我們的網站上瀏覽。如果您有任何其他問題,歡迎隨時與我們聯繫。

目前 Monica AI 的核心還是 GPT 舊模型, 若點擊這裡可以付費升級, 提升模型的能力

3 若 AI 解讀錯誤, 可以繼續提出需求請 AI 重新擬一段內容出來

請回答「沒有」提供

我們有提供網路電子版本,您可以在我們的網站上瀏覽。如果您有任何其他問題,歡迎隨時與我們聯繫。

抱歉,我們沒有提供網路電子版本。如果您有任何其他問題,歡迎隨時與我們聯繫。

AI 重新修正完成

點擊這裡就可以將文字複製下來,要再修改來用都可以

3 AI 也提供做**語氣上的修改**，各種操作只要如下點擊 Monica 設計好的按鈕即可，相當便捷：

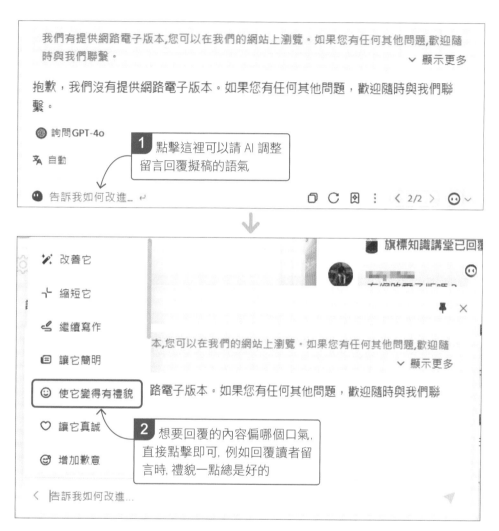

很方便吧！應該有不少小編在回覆 FB 留言時，會猶豫該如何措辭而浪費時間，這時就可以利用 AI 快速生成草稿。這背後的操作其實就是將「**留言內容 + 提示語 (Prompt)**」提交給 AI 聊天機器人來生成文字，但您應該也感受到，Monica AI 的介面非常簡單易用，完全省下了把文字貼到 AI 聊天機器人操作的麻煩，即使最終需要稍微修改 AI 擬的內容，也已經大大節省了時間！

7-2 熟讀產品型錄, 24 小時不打烊的客服 AI

使用AI GPT 機器人 (自行打造 GPT)

還有什麼好工具可以輔助客服工作呢？前面章節經常用 ChatGPT 網站 (https://chatgpt.com) 上的**現成 GPT 機器人**幫我們做事, 其實 GPT 機器人正是一個絕佳的客服 AI 工具, 但這次不一樣的是, 我們不是要用 GPT 商店裡面的機器人, 而是要**自行打造一個 GPT 機器人**來擔任智慧客服 AI (**請注意！**客製化 GPT 必須付費升級到 ChatGPT Plus 會員才能使用。這是本書極少數一定要付費才能使用的 AI 工具, 您可先閱讀評估看看是否符合您的需求再下手升級購買)。

職場生產力 UP

例如, 我們可以訓練機器人 AI 學習產品資訊, 協助回應有關產品的問題, 看是要做產品 QA、提供產品建議、或者處理客訴都可以。當然, 也不見得非得對外開放使用, 做為內部新進員工的教育訓練或客服人員的輔助工具也很合適, 用法非常彈性！

TIP 回顧一下什麼是 **GPT 機器人**？它就是把跟 ChatGPT 機器人溝通的技巧整合起來並事先設定好, 打造出針對特定目之智慧機器人。使用者可以把它當成某個領域的專家, 用口語跟它溝通、問問題就可以, 省去繁複提示工程的前置作業。因此, 本節介紹的就是在建構 GPT 機器人時, 餵入企業內的相關客服資訊, 例如旗標是一間圖書出版公司, 我們可以訓練 GPT 機器人熟悉旗標的所有書種, 以後面對讀者詢問時就可以提供書籍建議, 應答自如。

這一節就介紹客製化 GPT 機器人的做法, 整個建置過程只要跟 **GPT Builder** 工具對話互動即可完成, 完全不用程式, 人人都可以輕鬆完成建置工作！

☑ 開啟 GPT Builder 設計模式, 熟悉使用介面

在跟 GPT Builder 互動時, 只要依照指示說出你所設想的機器人行為模式, 例如應該要怎麼樣跟使用者互動, 或者有沒有甚麼特殊的要求等等, 如果你的指示太天馬行空, 或者不夠明確, GPT Builder 也會請你重新敘述, 過程中都會主動引導, 不用擔心會卡關。

進入 ChatGPT 的頁面後, 可以看到在左側欄位看到**探索 GPT** 的選項, 點擊後右邊會切換到 GPT 商店的首頁:

② 接著點擊畫面右上方的**建立**, 就會開啟 GPT Builder 設計模式 (提醒:需付費升級到 ChatGPT Plus 帳號才會看到此功能)

如下頁圖所示, GPT Builder 的頁面分成左右兩部分, 左邊為**建立**區, 會透過對話引導你完成 GPT 機器人;右邊則是**預覽**區, 可以在這裡跟設計好的 GPT 機器人進行模擬互動, 做測試。我們在建立區所做的任何調整, 都可在預覽區即時看到效果:

建立區, 設計 GPT 機器人之用　　　　預覽區, 顯示成品, 測試之用

前面提到, 建立區的操作十分直覺, 只要在對話框中輸入這個 GPT 機器人的描述, GPT Builder 會幫我們一步步設定到位。

☑️ 讓 GPT 機器人讀入產品型錄並記住內容

來看個職場實例吧!一般來說, **產品型錄**的資訊量都不少, 不管這份型錄到了消費者或客服新手手中, 要找到想知道的資訊往往很費工夫。身為產品提供者的我們, 可以事先請 GPT 讀入產品型錄, 建立一個**公司專屬的客服機器人**, 當任何人有相關問題要詢問時, 就可以請 GPT 機器人出馬:

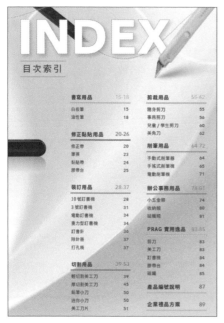

▲ 請 AI 試著消化型錄內各種繁雜的資料

開始來建立客服機器人吧,跟 GPT Builder 對話的主要 Prompt 如下:

 可以回答產品型錄內容的機器人

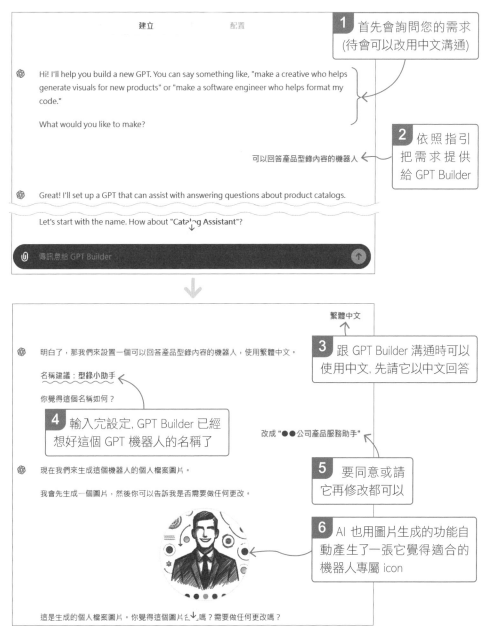

建立　　　　　　配置

1 首先會詢問您的需求
(待會可以改用中文溝通)

Hi! I'll help you build a new GPT. You can say something like, "make a creative who helps generate visuals for new products" or "make a software engineer who helps format my code."

What would you like to make?

2 依照指引把需求提供給 GPT Builder

可以回答產品型錄內容的機器人

Great! I'll set up a GPT that can assist with answering questions about product catalogs.

Let's start with the name. How about "Catalog Assistant"?

傳訊息給 GPT Builder

明白了,那我們來設置一個可以回答產品型錄內容的機器人,使用繁體中文。

繁體中文

3 跟 GPT Builder 溝通時可以使用中文,先請它以中文回答

名稱建議:型錄小助手

你覺得這個名稱如何?

4 輸入完設定, GPT Builder 已經想好這個 GPT 機器人的名稱了

現在我們來生成這個機器人的個人檔案圖片。

我會先生成一個圖片,然後你可以告訴我是否需要做任何更改。

改成 "●●公司產品服務助手"

5 要同意或請它再修改都可以

6 AI 也用圖片生成的功能自動產生了一張它覺得適合的機器人專屬 icon

這是生成的個人檔案圖片。你覺得這個圖片合適嗎?需要做任何更改嗎?

2 後續 GPT Builder 會繼續引導使用者作出更詳細的設定, 此例是要餵資料給 GPT 機器人, 就可以輸入以下 Prompt:

> 熟讀這個 PDF 的內容, 當有客戶或消費者詢問時, 請你根據 PDF 的內容回答問題
> {並上傳 PDF 型錄檔案}

好的, 接下來我們來細化機器人的設置。

首先, 你希望這個機器人如何幫助用戶? 它的主要目標和職責是什麼?

1 提問時一併上傳 PDF 檔做為客服機器人的知識來源

此處上傳的檔案可能會納入與你 GPT 的...

📄 **全產品型錄.pdf**
PDF

🔗 熟讀這個 PDF 的內容, 當有客戶或消費者詢問時, 可以根據 PDF 的內容回答問題　⬆

⬇

明白了。這個機器人將能夠回答關於《全產品型錄.pdf》中的問題。

接下來, 我們來設置它的細節。首先, 它的主要目標和職責是什麼? 例如, 它應該幫助用戶查詢產品信息、比較產品、提供價格和規格等。請詳細說明。

> 它會幫客戶查詢產品資訊、比較產品、提供價格和規格等

我們已經設定了機器人的目標和職責, 並且描述和範例問題也已經準備好。

現在, 我們來確定一些操作細節。請告訴我, 是否有 ~~特~~ 定的語氣或風格要遵循?

2 後續有什麼需要都直接跟機器人說, 一時不知道說什麼也可以事後再補, 待會會教如何事後設定

> 回答問題時有禮貌一點, 開頭 "XX客戶您好"

我們已經設定了機器人的目標、職責、描述以及回答問題的禮貌語氣和開頭用語。

請在右側的預覽中試試這個GPT, 看看它是否符合您的需求。如果有任何需要調整的地方, 隨時告訴我。你覺得還有什麼需要改進的嗎?

做 AI 互動的模擬測試

該提供的功能說明都描述差不多之後，接著可以到右邊的**預覽**區做模擬測試，看看你的客服機器人 AI 是否照您希望的「上工」：

如果測試中有發現任何不滿意的地方, 直接到左邊**建立區**的對話框中輸入 Prompt 來修改, GPT Builder 會立刻進行修正:

本例針對稱呼的問題, 指示 GPT 機器人進行修改

收到問題時, 先不要回答答案, 先詢問對方如何稱呼, 等收到對方的回覆, 再根據他提供的資訊稱呼對方, 然後秀出答案

已經更新●●公司產品服務助手, 現在會先詢問對方如何稱呼, 再根據對方提供的資訊來稱呼對方並回答問題。還有其他需要改進的地方嗎?

修改內容後, GPT Builder 立刻顯示更新中

等對方回答你稱呼後, 下一輪再顯示答案

正在更新 GPT......

13. ECT-105VR i-PULO 雙主修兩用修正帶替換帶 (5mm) - 40元/袋

14. ECT-106R i-PULO 雙主修兩用修正帶替換帶 (6mm) - 40元/袋

這些修正帶都在50元以下, 您可以選擇適合您的產品。希望這些資訊對您有幫助, 如果有其他問題請隨時告訴我。

更新完後, 新舊對話之間會出現 **GPT 已更新**的分界線, 表示目前是用修正後的機器人來運作

GPT 已更新

50 元以下的修正帶有哪些產品

 您好, 請問您怎麼稱呼?

☑ 查看配置設定

另外一種建置機器人的做法是利用**配置**區, 只要將左邊區域從**建立**切換至**配置**就可以做設定, 和剛才的差別是**配置**區得一個欄位一個欄位手動設定, 算是比較進階的建置做法。而其實剛才在**建立**區以對話方式所提供的資訊, 都會一一安置到**配置**區內:

如下圖所示，在上圖這些設定的下方還有**知識庫**等設定，知識庫很重要，就是 **GPT 機器人的知識來源**，而其他設定是這個 GPT 機器人可以使用哪些模型或外掛的功能，GPT Builder 會依照對話內容，自行判斷需要哪些功能：

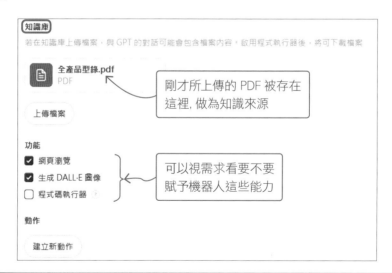

TIP　依經驗，如果希望機器人回答的內容限定在您提供的知識庫 (如本例的全產品型錄.PDF)，或許可以取消機器人的網頁瀏覽能力，以免因設計不夠精良時，機器人上網瞎找一些資訊做為答案，這樣反倒不是好事。

☑ 大功告成, 存檔！

當所有設定與調整都完成後, 按畫面右上角的**建立**鈕來儲存。同時決定是否要公開：

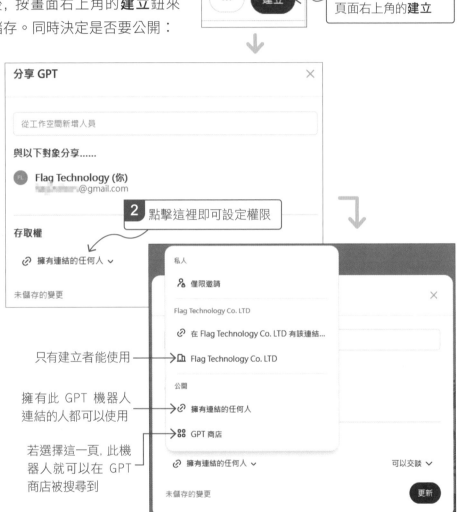

1 點擊 GPT Builder 頁面右上角的**建立**

2 點擊這裡即可設定權限

只有建立者能使用

擁有此 GPT 機器人連結的人都可以使用

若選擇這一頁, 此機器人就可以在 GPT 商店被搜尋到

☑ 事後如何調校機器人

若 GPT 機器人使用上有任何不妥之處, 可以參考以下步驟重新進行調校：

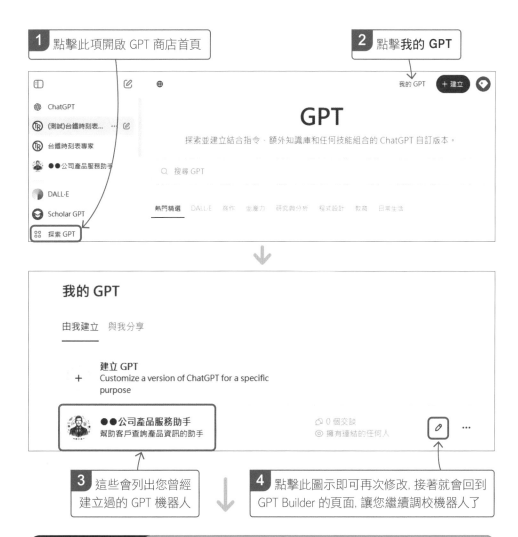

1 點擊此項開啟 GPT 商店首頁

2 點擊**我的 GPT**

3 這些會列出您曾經建立過的 GPT 機器人

4 點擊此圖示即可再次修改，接著就會回到 GPT Builder 的頁面，讓您繼續調校機器人了

職場生產力 UP

針對客製化 GPT 機器人的用途，除了學習產品型錄外，像是 HR 部門也可以將公司的政策或規章餵給機器人做為知識庫，然後再利用權限的設定，只將連結分享給公司同仁使用。總之，GPT 機器人對企業內部使用，或是客服方面都是值得您活用的功能。

而除了 GPT 機器人外，目前 AI 大行其道，若您以 AI 客服為關鍵字來搜尋，也會找到不少相關工具 / 服務，例如 **Coze**、**ibo.ai** 等，有些還可以進一步和 LINE 串接，打造 LINE 客服機器人。但這些工具的建置做法都遠不上本節的技巧來的簡單，若對利用 AI 翻轉客服系統有興趣者可再自行研究。

8

CHAPTER

合約處理 AI

擬專業條文、白話文解釋，
AI 輕鬆搞定合約大小事！

上班族當然不可能每個人都是法律背景，卻免不了可能接觸到**合約**，當需要**解讀複雜的法律和合約用語**時，大膽尋求 AI 的協助吧！例如可以請 AI 將專業的術語轉化為白話文解釋，甚至舉個例子幫助理解，這樣就不怕被一堆專業術語弄的一個頭兩個大。

至於**合約的草擬**通常是法務或行政負責的工作，有了 AI 這項工作也可輕鬆不少。AI 不僅可以幫忙擬定專業條文，也能根據需求進行修飾和補充，協助您輕鬆應對這些專業工作。

8-1 請 AI 解釋複雜的法律 / 合約用語

使用 AI AI 聊天機器人
(ChatGPT、Copilot、Gemini…都可以)

來示範如何請 AI 用白話文解釋合約吧！這方面最得力的 AI 工具助手自然是最擅長理解文意、生成文字的 AI 聊天機器人，我們以 ChatGPT 為例來解釋一份出版合約：

貳、著作物版稅支付

第一條 本著作物乙方應依每本書實際定價金額，付予甲方做為版稅。

第二條 初版預付版稅，乙方應依初版實際印量，於出版後 3 個月開立即期票支付予甲方。以後，於每年 6 月底、12 月底兩次依實際銷售量結付版稅。

第三條 依所得稅法之規定，乙方支付甲方之版稅，預先代扣百分之十稅款，年度結

算時開立扣繳憑單，供甲方申報。

第四條 本著作物初版印行時，乙方應以樣書 X 冊贈送甲。甲方承購本著作物依定價 X 折 (含稅) 計算，但不得轉售予出版同業。

第五條 缺頁、破損、贈書，得不計入版稅。

第六條 特價販售 (如 7-Eleven, 大賣場等)，因銷售折扣較低，以實際特販價格計算版稅，但需獲得甲方同意。

第七條 本著作物，乙方可依市場需求決定印量。

> 合約的用語通常都不那麼白話，仔細琢摩或許看得懂，但就是花時間

凡對合約有不太熟悉的地方，可以複製一些文字段落下來貼到 AI 對話框，或者上傳檔案餵給 AI 都行。以下提示語 (Prompt) 是希望 AI 解釋時**舉個例子**：

我手邊有一份合約，請扮演一位熟知台灣法律的法務人員，**用白話文解釋給我聽，並舉個範例**

(貼上合約文件，或附上夾檔)

> 合約條文繞來繞去，請 AI 舉個例最清楚

我手邊有一份合約，請扮演一位熟知台灣法律的法務人員，用白話文解釋給我聽，並舉個範例

貳、著作物版稅支付
第一條 本著作物乙方應依每本書實際定價金額，付予甲方做為版稅。
第二條 初版預付版稅，乙方應依初版實際印量，於出版後3個月開立即期票支付予甲方。以後，於每年 6 月底、12 月底兩次依實際銷售量結付版稅。

舉例說明

> 假設一本書的定價是 300 元，作者甲方和出版社乙方約定的版稅比例是 10%。

1. **基本版稅支付：**

   - 乙方每賣出一本書，需支付 30 元（300 元的 10%）的版稅

> AI 清楚舉了例子，您可以用例子回頭對照合約內容，讀合約就不會擔擱太多時間

2. **初版預付版稅：**

   - 假設初版印刷了 1000 本書，那麼乙方需要在出版後三個月內支付 30,000 元（1000 本＊30 元）的預付版稅給甲方。

   - 每年 6 月底和 12 月底，乙方根據實際銷售量結算版稅。如果這半年賣出了 500 本書，那麼乙方需支付 15,000 元（500 本＊30 元）的版稅給甲方。

3. **代扣稅款：**

   - 乙方支付版稅時，會先代扣 10% 的稅款。例如，支付 15,000 元版稅時，會先扣除 1,500 元稅款，實際支付給甲方 13,500 元。

針對此例, 我們也可以再下提示語來運用 AI, 最基本的就是在 AI 給出初步解釋後, **繼續針對不明白的地方提問**。例如「如果在合作期間發生了違約事件, 這份合約的違約條款會如何發動？請模擬一個具體情況。」

或者, 也可以要求 AI **從不同角色的視角來解釋合約**, 例如「請從企業的角度和個人的角度來解釋 XXXX 內容」, 這些都能協助我們判斷出利弊得失。

8-2 請 AI 扮演法務增補條約

使用 AI　AI 聊天機器人 (ChatGPT、Copilot、Gemini、Claude…都可以)

　　我們也可以請 AI 做**合約文件的修飾或補足**, 我們只需提供口語化文字, 再請 AI 轉成專業的用語, 提高文件的專業性。例如職場上一般都要簽訂工作合約, 合約條款的細節非常重要, 無論是員工還是雇主, 都需要謹慎審閱。假設作為雇主方, 希望修訂現有的工作合約條款, 可以請 AI 聊天機器人協助完善條文內容：

TIP 先提醒讀者, 合約涉及的主題包羅萬象, 而且算是相當正式、嚴肅的法律文件。經測試發現有些 AI 的用字遣詞會不太像台灣法務界所慣用的字句, 所以若操作完對細部有疑問, 不太有把握時最好還是尋求專業法務、律師的協助！

您好, 我是公司的法務主管。我們正在修訂現有的工作合約, 希望您作為熟悉台灣勞動法規的專業人士, 能夠協助我們檢視並完善合約內容, 確保符合相關法律要求。以下是我們想要增加的幾個要點, 請以適當的文字, 讓以下幾點的敘述更周延：：

[想要增加的要點]

您好，我是公司的法務主管。我們正在修訂現有的工作合約，希望您作為熟悉台灣勞動法規的專業人士，能夠協助我們檢視並完善合約內容，確保符合相關法律要求。以下是我們想要增加的幾個要點，請以適當的文字，讓以下幾點的敘述更周延：
工作時間及加班規定
試用期及試用期間的權利義務
薪資調整機制
員工福利及假期規定
違約處罰及爭議解決機制

1 要求事項寫再直白一點也可以

2 根據要點增修好文字，請 AI 做一下子就有了初步草案

好的，以下是您提供的要點，以及對每一項要點的周延敘述：

工作時間及加班規定

公司將依據《勞基法》規定，制定合理的工作時間安排。正常工作時間每日不得超過 8 小時，每週不超過 40 小時，如需加班，須經員工同意並按法定加班費率支付報酬。每月加班總時數不得超過 46 小時，公司將妥善記錄並確保符合相關規定。

試用期及試用期間的權利義務

試用期為三個月，在此期間，員工享有與正式員工相同的勞動權益，包括薪資、勞保和健保等福利。試用期滿後，經考核合格者將正式聘用。如試用期內無法達到公司要求，公司有權提前終止合約，但需提前通知並給予合理的離職補償。

薪資調整機制

公司將每年進行一次薪資調整，調整依據包括個人績效、公司經營狀況以及市場薪資水平等因素。薪資調整方案將在年度績效評估後公布，並以書面形式通知員工。員工如對調整結果有異議，可在收到通知後七天內提出申訴，公司將在合理時間內予以回應。

8-3 請 AI 草擬存證信函

使用 AI AI 聊天機器人 (ChatGPT、Copilot、Gemini、Claude…都可以)

存證信函算是常見的文書資料，當糾紛發生時或口頭約定怕口說無憑，為了保留證據就會派上用場。職場上，不論是違反工作時間規定、洩露機密資訊、購買糾紛、或是未履行職責…等都可能用到此文件。

當您需要處理相關工作時，可以透過 ChatGPT 等 AI 聊天機器人擬出存證信函的大致內容，再自行修改：

- 請扮演一位熟知台灣法律的法務人員。前日, 我們發現員工 XXX 先生在未經允許的情況下, 將公司的機密資料外洩至競爭對手手中。這已嚴重違反了員工手冊中的保密條款。我們已經與 XXX 先生溝通, 要求他立即停止此行為並返還相關資料, 但他拒絕配合。

請您以法務專家的身份, 提供適當的法律建議, 並協助我擬定一封存證信函, 嚴厲要求 XXX 先生立即糾正違規行為, 並承擔相應的法律責任。信函內容應具體陳述違約事實、要求糾正的期限, 以及若屆時仍未配合將採取的後續行動。您的建議對我們非常重要, 請盡量以專業而嚴肅的語氣撰寫。

本例 AI 提供的內容如下：

🌀 **存證信函範本**

XXX 先生：

本公司發現您在未經允許的情況下, 將本公司的機密資料外洩至競爭對手手中, 此行為已嚴重違反了公司員工手冊中的保密條款, 並構成《營業秘密法》中的違法行為。

根據公司員工手冊第 X 條及您與公司簽署的勞動合同中關於保密義務的規定, 您有義務保護公司的機密信息, 任何未經授權的洩露行為均屬嚴重違約。您此次行為不僅對公司造成了重大損害, 還可能構成刑事犯罪。

1. 依據公司員工手冊及勞動合同的規定, 對您進行紀律處分, 包括但不限於即刻解除勞動合同。
2. 依法向法院提起訴訟, 要求您賠償因洩密行為給公司造成的所有經濟損失。
3. 向司法機關報案, 配合調查, 追究您可能涉及的刑事責任。

本公司一向高度重視保護商業機密, 對任何違反保密規定的行為將嚴肅處理, 絕不姑息。請您正視此次違規行為, 立即採取行動糾正, 並承擔相應↓法律責任。

職場生產力 UP

後續若有相關工作也可以繼續請 AI 協助, 例如請 AI **進行信函的格式和排版**, 更符合正式文件的樣子。此外, 也可以請 AI **模擬接收方可能的回應**, 甚至可以幫你擬好應對策略, 用 AI 當顧問有備無患！

9

CHAPTER

資料分析 AI

自動整理數據、得出結論，
AI 讓分析工作變簡單！

談到**資料分析**, 最普遍的就是使用 Excel 或 Power BI 等工具來做, 進階一點的則會用 Python 等程式, 但無論哪一種方法都需要不少時間來學習。相比之下, 善用 AI 工具可以讓資料分析工作變得非常簡單。AI 能協助**自動化處理數據、做分析**。工作上不管是想預測市場趨勢、分析消費者行為, 還是分析科學數據資料集, 都可以利用 AI 輕鬆完成。

9-1 請 AI 當你的資料分析總規劃師

使用AI Data Analysis & Report AI (GPT 機器人)

　　資料分析無非是希望透過分析過往數據得到一些可用資訊, 例如:銷售數據與市場趨勢的關聯、客戶意見與產品修正之間的關係…等。若對這個領域還不太熟悉, 即便手邊已經有些資料, 可能第一步該做什麼還是沒有頭緒。而即便是職場上打滾多年的資料科學家, 每當面對一份新的資料, 也免不了要做繁瑣的清洗、視覺化、建模分析…等工作, 耗時費力…

　　由此可見, 資料分析實在是門大學問, 需要智慧的 AI 工具來幫忙, 這裡要介紹 **Data Analysis & Report AI** 這個強大的 AI 分析工具, 它能幫助我們快速進行各種資料分析工作, 舉凡**分析流程該如何規劃** (本節會示範), 或者**資料清洗、視覺化、分析出結論**…等實際作業 (後兩節會範例), 任何資料分析的問題都能請 AI 解決!

☑ Data Analysis & Report AI 的基本用法

　　底下先熟悉 Data Analysis & Report AI 的用法, 它有在 GPT 商店上架, 請先參考**附錄 A-2 節**的說明, 開啟 GPT 商店, 搜尋 "Data Analysis & Report AI" 機器人來使用:

GPT

探索並建立結合指令、額外知識庫和任何技能組合的 ChatGPT 自訂版本。

🔍 data

1 輸入部份關鍵字來搜尋

全部

Diagrams & Data: Research, Analyze, Visualize
Complex Visualizations (Diagram & Charts), Data Analysis & Reseach. For Cod
作者：Max & Kirill Dubovitsky　200K+

Data Analysis & Report AI
Your expert in limitless, detailed scientific data analysis and re
作者：Kenneth Bastian　50K+

2 點擊找到的 Data Analysis & Report AI 機器人, 若有名稱很接近的, 請認明圖示及作者

選用 GPT 機器人, 建議找對話量多一點的, 比較有口碑

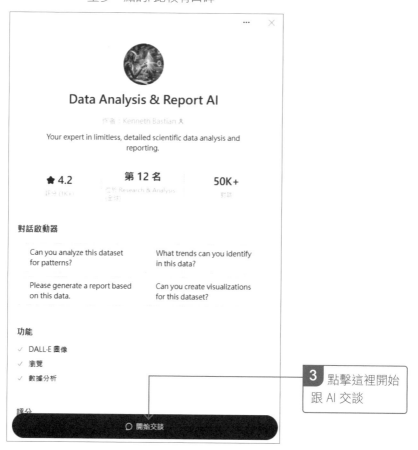

Data Analysis & Report AI

作者：Kenneth Bastian

Your expert in limitless, detailed scientific data analysis and reporting.

⭐ 4.2　　第 12 名　　50K+
評分 (1K+)　類別 Research & Analysis (全球)　對話

對話啟動器

Can you analyze this dataset for patterns?
What trends can you identify in this data?
Please generate a report based on this data.
Can you create visualizations for this dataset?

功能
✓ DALL·E 圖像
✓ 瀏覽
✓ 數據分析

評分

⟳ 開始交談

3 點擊這裡開始跟 AI 交談

一開始先牛刀小試吧！要做資料分析之前，當然得**先知道大概的流程**有哪些，才不至於做到一半突然迷失方向。新手沒經驗、不知道流程沒關係，我們可以詢問 Data Analysis & Report AI 請它大致說明一下：

請告訴我資料分析的流程或步驟 ← 直接跟 AI 描述您想做的事

資料分析是一個多階段的過程，涉及從收集原始數據到最終生成有價值的見解。以下是詳細的資料分析流程及其步驟：

列出非常多事要做，我們會挑其中幾項做示範

1. **定義目標**

   - 明確分析的目的和問題。這一步驟確保所有分析活動都有明確的方向，並且每個分析步驟都與最終目標一致。

2. **資料收集**

   - 收集相關數據，可以來自內部系統、外部數據庫、公開資料源或調查問卷等。

3. **資料清洗**

   - 資料清洗是確保數據質量的重要步驟，包括處理缺失值、異常值、重複數據以及不一致的數據格式。這些問題會影響後續分析的準確性。

4. **資料探索**

   - 初步分析和可視化數據，以了解數據的基本結構、變量分佈和潛在的模式。這一步通常涉及生成描述性統計數據（如均值、中位數、標準差）和初步的圖表（如直方圖、散佈圖）。

8. **數據解釋和可視化**

   - 生成詳細的報告和圖表，以解釋分析結果並將其傳達給相關方。這可能包括交互式圖表、儀表板和靜態報告。

9. **結果傳達**

   - 將分析結果向相關利益相關者呈現，並提供具體的建議和行動方案。這一步驟旨在確保數據見解能夠轉化為實際行動。

10. **持續監控和反饋**

   - 持續監控模型和分析結果的性能，並根據新的數據或變化的需求進行更新和調整。這保證分析結果的持續有效性和相關性。 ↓

當然，我們也可以將 AI 視為資料分析顧問，對於任何不了解的步驟或專業術語，直接詢問就行了：

請幫我舉個例說明**資料清洗**的細節

> AI 實際舉個需要「清洗」的資料範例來解釋，有了例子更清楚了，先有觀念後，用的時候才知道怎麼問 AI

好的， 以下是一個關於資料清洗的詳細例子 ，假設我們有一個包含客戶信息的數據集，我們需要對這些數據進行清洗。

原始數據

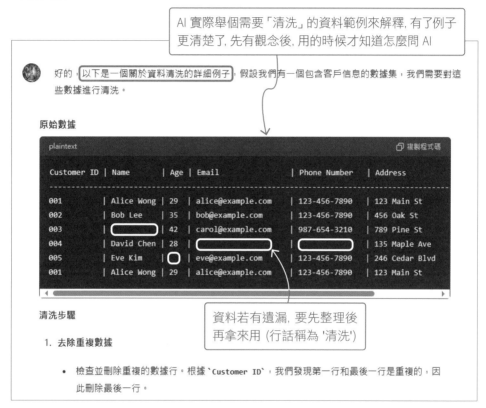

```plaintext                                        📋 複製程式碼

Customer ID | Name      | Age | Email             | Phone Number  | Address
----------------------------------------------------------------------------
001         | Alice Wong | 29 | alice@example.com | 123-456-7890  | 123 Main St
002         | Bob Lee    | 35 | bob@example.com   | 123-456-7890  | 456 Oak St
003         |            | 42 | carol@example.com | 987-654-3210  | 789 Pine St
004         | David Chen | 28 |                   |               | 135 Maple Ave
005         | Eve Kim    |    | eve@example.com   | 123-456-7890  | 246 Cedar Blvd
001         | Alice Wong | 29 | alice@example.com | 123-456-7890  | 123 Main St
```

> 資料若有遺漏，要先整理後再拿來用 (行話稱為 '清洗')

清洗步驟

1. **去除重複數據**

- 檢查並刪除重複的數據行。根據 `Customer ID`，我們發現第一行和最後一行是重複的，因此刪除最後一行。

☑ 直接餵資料給 AI, 取得分析方向

透過 AI 大致了解資料分析的流程以及各步驟該做的事情後，傳統上，我們習慣遵循既定的流程進行分析，但在 AI 時代，我們或許不必那麼「按部就班」地處理事情。若您對資料分析還懵懵懂懂、不確定該問 AI 什麼問題時，不妨把手邊的資料**直接餵給 AI**，或許馬上就能得到一些分析的方向，這比在電腦前思考老半天快多了。善用 AI 工具，絕對是在這個時代的勝出關鍵。

我們用個職場範例來示範吧！以下是一家銀行的**行銷活動數據** (書附下載範例 / Ch09 / bank.csv)，內容是多次的電話行銷結果，行銷人員希望藉由過往記錄的這些資料，預測往後新客戶們是否會申請銀行定存方案：

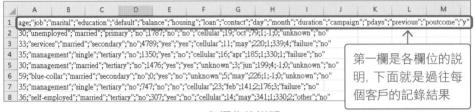

▲ 各欄位的說明

如上圖所示，資料內的變數 (欄位) 包括**客戶的資料** (年齡、職業、婚姻狀況等)、與**行銷活動相關數據記錄** (如聯繫的天數、聯繫的次數等)，每一列資料的最後也記錄了 **yes、no**，即該客戶的**最終結果** (是否申請定存)。

> **TIP** 在機器學習 (Machine Learning) 領域，這稱為**監督式學習**，意思是這筆資料集提供了每個客戶的最終結果 (即是否申請定存)，資料分析專家們可以用這種已經有結果 (註：做了標記) 的資料來訓練出一個模型，最終目的是**預測以後新的客戶是否會申請定存方案**，也可以提供銀行做更細緻的針對性行銷。以下我們就是要帶您稍微一窺這個資料分析作業的部分細節。

以這個資料集為例，包含以下欄位：

- **age**：客戶年齡
- **job**：客戶職業
- **marital**：客戶婚姻狀況
- **education**：客戶教育程度
- **default**：是否有信貸違約
- **balance**：年底存款餘額
- **housing**：是否有房貸
- **loan**：是否有個人貸款
- **contact**：聯繫方式 (電話)
- **day**：最後一次聯繫的日子
- **month**：最後一次聯繫的月份
- **duration**：最後一次聯繫的時長 (秒)
- **campaign**：本次行銷活動聯繫次數
- **pdays**：距離上次行銷活動後經過的天數
- **previous**：在本次行銷活動之前聯繫的次數
- **poutcome**：之前行銷活動的結果
- **y**：客戶是否訂購定期存款（是/否）

我們先不考慮太多，直接把資料餵入 Data Analysis & Report AI：

bank.csv
試算表

1 把手邊的資料餵給 AI

📎 我想要分析這個資料，請給我一些方向 ←

ChatGPT 可能會發生錯誤，請查核重要資訊。

2 輸入 Prompt, 請 AI 提供一些方向

 看起來這個資料集的欄位使用了分號（；）作為分隔符號，而不是標準的逗號（,）。這使得 Pandas 在讀取時將所有內容當作一個單一欄位。我們需要重新讀取這個資料集，並正確指定分隔符號為分號。

讓我重新讀取並檢查資料集的內容。

資料集簡介

這個資料集來自於葡萄牙的一家銀行的行銷活動數據。主要目的是通過多次的電話行銷活動，預測客戶是否會訂購銀行的定期存款。資料集中的變數包括客戶的人口統計資料（如年齡、職業、婚姻狀況等）、與行銷活動相關的數據（如聯繫的天數、聯繫的次數等），以及最終的結果（客戶是否訂購定期存款）。

4 經由 AI 分析, 對資料有初步的認識

3 本例 AI 自動處理了一些工作 (我們都沒下指示呢)

此外，也看到 AI 提供滿具體的後續分析方向：

你可以開始進行以下的分析工作：

1. **資料清洗**：
   - 處理缺失值
   - 處理不合理值或離群值

2. **資料探索**：
   - 資料的基本統計量
   - 各個變數的分布情況

3. **視覺化分析**：
   - 繪製數值型變數的盒狀圖和直方圖
   - 繪製類別型變數的長條圖
   - 繪製相關性熱力圖

以往知道該做哪些事之後, 接著就是搬出各種工具、或寫程式來處理, 如同前述, 可能光操作工具可能就會讓您卡關卡老半天。現在這些工作通通可以試著請 AI 代勞, 看能否快速得出一些結論, 後續幾節繼續來示範。

9-2 用 AI 全自動做資料清洗

使用 AI Data Analysis & Report AI (GPT 機器人)

延續前一節的範例。首先, 剛到手熱騰騰的資料可能會存在一些問題 (例如有缺失值、離群值…等), 這時就需要做**資料清洗**, 確保後續資料視覺化、跑機器學習模型的準確性。資料清洗是重要卻耗時的工作, 現在我們有了 AI, 可以讓這份工作更有效率地進行。

> **TIP**
>
> ● **缺失值**:因各種因素而遺失的資料, 在資料內通常會以「空白」、「N/A」、「?」表示。資料中若有缺失值時, 可以選擇刪去整筆或整欄資料, 或是以平均值、中位數來填補其值。
>
> ● **離群值**:其他多數觀測值有明顯差異、或不合理的資料。太多離群值也會影響分析的準確性。

首先, 我們就上傳資料給 Data Analysis & Report AI, 請它幫我們檢查資料, 必要時做資料清洗:

(上傳資料檔)
請幫我做**資料清洗**, 檢查並處理缺失值和不合理值

描述需求

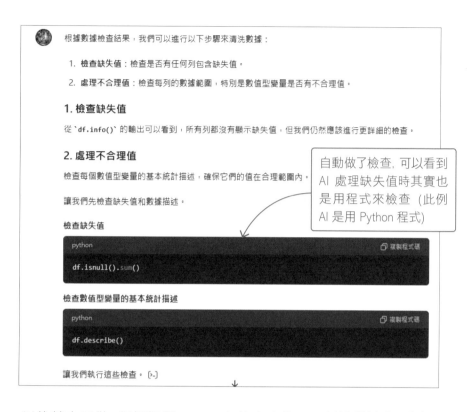

根據數據檢查結果，我們可以進行以下步驟來清洗數據：

1. **檢查缺失值**：檢查是否有任何列包含缺失值。

2. **處理不合理值**：檢查每列的數據範圍，特別是數值型變量是否有不合理值。

1. 檢查缺失值

從 `df.info()` 的輸出可以看到，所有列都沒有顯示缺失值，但我們仍然應該進行更詳細的檢查。

2. 處理不合理值

檢查每個數值型變量的基本統計描述，確保它們的值在合理範圍內。

讓我們先檢查缺失值和數據描述。

檢查缺失值

```python
df.isnull().sum()
```

檢查數值型變量的基本統計描述

```python
df.describe()
```

讓我們執行這些檢查。 [>_]

> 自動做了檢查，可以看到 AI 處理缺失值時其實也是用程式來檢查（此例 AI 是用 Python 程式）

以往若自己做，得慢慢學 Excel 有什麼功能可以幫忙做檢查，高竿一點的就學寫程式來檢查，現在 AI 會全部幫我們做，直接告訴我們結論：

根據檢查結果，我們可以做以下觀察：

1. **缺失值**：沒有缺失值。

2. **不合理值**：

- `balance` 的最小值為 -3313，這可能是不合理的（例如負餘額）。

- `pdays` 的最小值為 -1，這應該是一個特殊值，可能表示沒有之前的聯繫。

- `campaign` 的最大值為 50，這看起來有點極端。

接下來我們會進行以下步驟來處理這些問題：

1. 處理負的 `balance` 值。

2. 處理 `pdays` 中的 -1 值。

3. 檢查並處理 `campaign` 的極端值。

> 點出幾個資料可能有問題的地方

> 也說明會替我們做這些處理

必要時，AI 會繪製一些圖表來查驗資料，此例為了檢查並處理 campaign 欄位 (行銷活動聯繫次數) 的極端值，AI 還主動繪製了圖表供我們參考，這個過程簡直像在**閱讀一份分析處理報告**：

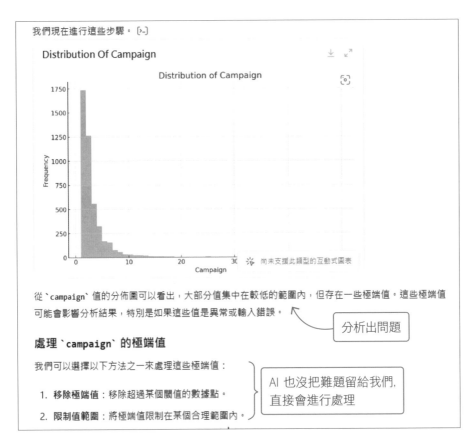

從 `campaign` 值的分佈圖可以看出，大部分值集中在較低的範圍內，但存在一些極端值。這些極端值可能會影響分析結果，特別是如果這些值是異常或輸入錯誤。　← 分析出問題

處理 `campaign` 的極端值

我們可以選擇以下方法之一來處理這些極端值：

1. **移除極端值**：移除超過某個閾值的數據點。

2. **限制值範圍**：將極端值限制在某個合理範圍內。

AI 也沒把難題留給我們，直接會進行處理

自動執行完資料清洗的工作

我們已經完成了以下步驟來清洗數據：

1. **處理負的 `balance` 值**：將負值設定為0。

2. **處理 `pdays` 中的 -1 值**：將其替換為 None。

3. **移除 `campaign` 的極端值**：移除了大於20的值。

重新檢查數據描述後，我們可以看到這些更改已經生效，數據的基本統計描述也變得更合理。

接下來的步驟：

1. 確認清洗後數據的完整性和一致性。

2. 將清洗後的數據保存到新文件中。

保存清洗後的數據

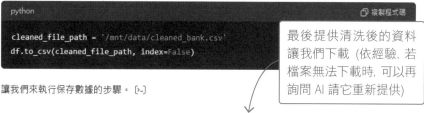

```python
cleaned_file_path = '/mnt/data/cleaned_bank.csv'
df.to_csv(cleaned_file_path, index=False)
```

最後提供清洗後的資料讓我們下載 (依經驗, 若檔案無法下載時, 可以再詢問 AI 請它重新提供)

讓我們來執行保存數據的步驟。 [>_]

已經完成數據清洗並將清洗後的數據保存至新文件：cleaned_bank.csv。

看到了吧！利用 AI 工具進行**資料清洗**就是這麼簡單！提醒讀者，由於 AI 回答的隨機性，您得到的過程、結果可能會跟以上所展示的不同，不過大致上強大的 Data Analysis & Report AI 都會幫我們**發掘問題 → 處理問題 → 提供處理後的結果**。我們也可以從這位資料清洗小幫手 (應該要叫專家！) 的處理過程中學到實務的資料分析知識。

9-3 用 AI 快速分析資料得出結論

使用 AI Data Analysis & Report AI (GPT 機器人)

從前一節的操作您也看到了，Data Analysis & Report AI 的資料處理過程實在有點「**詳盡**」，免不了會出現許多資料分析/資料科學專業術語，如果您一點底子都沒有，可能使用起來還是會略感吃力，沒什麼方向感，只能看 AI 表演...畢竟這個工具是為了專業的資料分析工作所設計的。

如果我們對這門學問還處在初級班，能不能請 AI「**直奔主題**」，直接告訴我們一些結論呢, 本節就來試試。

請試著直接完成分析, 告知我這份資料透露什麼資訊

請 AI 進行分析

以本例筆者得到的結果來說, 一開始 AI 還是會先畫圖解釋各變數 (也就是各欄位) 的概要, 看來 AI 認為認識資料欄位還是不可忽略:

例如這是使用者的職業分布　　　　　　　這是婚姻狀況分布

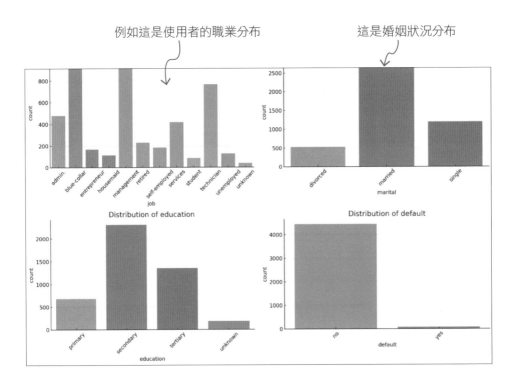

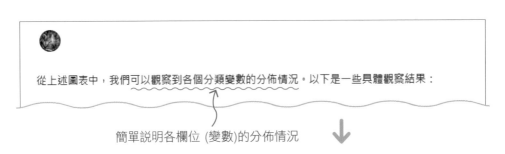

從上述圖表中, 我們可以觀察到各個分類變數的分佈情況。以下是一些具體觀察結果:

簡單說明各欄位 (變數)的分佈情況

1. **職業 (job)**：

   - 管理職位 (management) 佔據了最多的比例，其次是藍領 (blue-collar) 和技術員 (technician)。

2. **婚姻狀況 (marital)**：

   - 已婚 (married) 的比例最高，其次是單身 (single) 和離婚 (divorced)。

3. **教育程度 (education)**：

   - 中等教育 (secondary) 的比例最高，其次是高等教育 (tertiary) 和基礎教育 (primary)。

閱讀這些可以快速一覽資料的樣貌

　　有辦法請 AI 直接告訴我們結論嗎？此例無非是想要知道哪個因素跟「使用者決定是否申請定存」的關係最大，為此 AI 也繪製了相關圖表來說明：

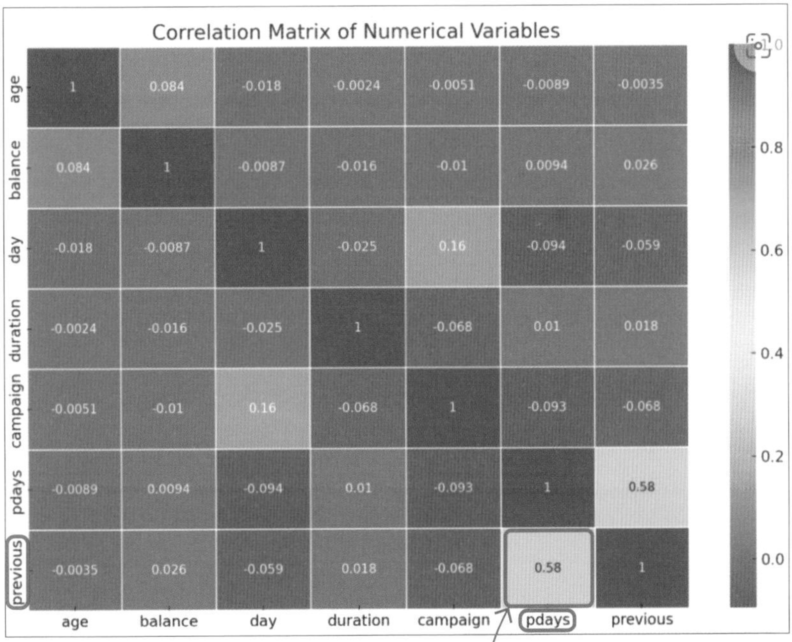

這稱為「相關係數」熱力圖，用來看出變數間的關聯，數值愈接近 1 的表示愈相關，例如圖中可以看到 **pdays** 和 **previous** 之間的相關性較強，它們的相關係數為 0.58

TIP　相關係數：用以表示變數間的相關性，為介於 -1 (完全負相關) 至 1 (完全正相關) 的值。

看起來還是有點專業, 如果 AI 還是很「熱心」解釋個不停, 我們來換個 prompt, 看看能否讓 AI 直奔主題：

請直接提供我結論, **先不要列出太多資料分析細節**

 申請定存的主要因素

根據數據分析 以下情況下客戶更有可能申請定期存款：

1. **年齡**：年齡較大的客戶更有可能申請定期存款, 特別是40歲以上的客戶。

2. **教育程度**：受過高等教育（特別是大學及以上）的客戶更傾向於申請定期存款。

3. **銀行餘額**：銀行餘額較高的客戶更可能申請定期存款。

4. **職業**：管理層和專業人士的申請率較高。

5. **行銷接觸次數**：多次行銷接觸（特別是3次以上）的客戶更有可能申請定期存款。

6. **上次行銷活動結果**：上次行銷活動結果為成功的客戶, 更有可能再次申請定期存款。

這些因素可以作為行銷策略的重點, 以提高定期存款的申請率。如果需要進一步詳細分析或具體數據支持, 請告知。

似乎比較直接了, 點出這項因素
對客戶是否申請定存較有關係

有一些滿具體的建議

經過嘗試, 我們順利得到了一些結論。當您對資料分析還有點陌生時, 可以試著用上述做法先請 AI 分析出一些結論, 若需要嚴謹的數字或報告來支撐論點, 再回頭依循前述的資料分析步驟請 AI 來處理即可 (前面也看到了, 這個 AI 太擅長寫報告了😊)。

TIP　如同其名, Data Analysis & Report AI 這個工具相當擅長建立分析報告, 如同您過程中所看到的, 若能紮穩基本的資料分析/資料科學底子, 用起這個工具會更得心應手！讀者若想自學資料科學 / 機器學習, 可以參閱旗標出版的相關書籍 (例如「**資料科學的建模基礎**」一書)。

10

CHAPTER

資料視覺化 AI

自動製作圖表、激發靈感，
AI 讓報告更吸引人！

圖表是數據溝通的利器，一張清晰易懂的圖表能讓數據說話，提升說服力。雖然用 Excel 畫圖表並不算太困難，但怎麼說還是需要熟悉相關功能，這種「中規中矩」的圖表繪製效率跟直接用 AI 工具還是差很多。本章就教您用**資料視覺化 AI** 讓圖表製作變得空前的簡單。甚至當你空有報告主題卻對該繪製什麼圖表毫無頭緒時，也可以請 AI 給你來個**腦力激盪**！

10-1　AI 圖表繪製神器：Diagrams: Show Me 輕鬆上手

使用 AI ▶ Diagrams: Show Me (GPT 機器人)

　　無論是進行部門績效評估、分析年度營收增長、展示員工滿意度調查結果，還是追蹤專案進度⋯等，圖表都能夠直觀呈現重要資訊。當你需要畫圖時，各類型圖表都能借重 **Diagrams: Show Me** 這個 GPT 機器人 AI 來製作，讓我們透過範例一步步熟悉它。

☑ 請 AI 規劃並繪製流程圖 (flow chart) - 以發想新產品開發流程為例

　　假設公司正計劃開發一款新產品，需要繪製產品開發流程圖，協助管理層和團隊成員了解每個步驟的具體內容和所需資源。以往光是擬定產品開發流程就十分累人，更不用說畫成圖了，現在我們可以把這些任務通通交給 **Diagrams: Show Me** 機器人 (以下簡稱 Diagram AI)。

　　請參考**附錄 A-2 節**的說明，開啟 GPT 商店，搜尋 Diagram AI 來使用：

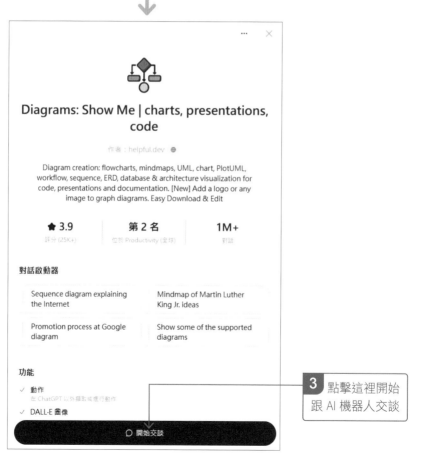

需要繪製圖表時，直接跟 Diagrams AI 描述您想做的事，底下不只是畫圖，連流程規劃也請 AI 包辦：

公司正在計劃開發一款新產品，需要製定詳細的產品開發流程圖，包含每步驟的具體內容和所需資源，請協助**繪製流程圖 (flow)** 建議方案，並上色美化

> 描述圖表類型時，建議也加上英文，或直接用英文，AI 比較不會誤判畫錯

Diagrams: Show Me | charts, presentations, code

作者：helpful.dev ⊕

Diagram creation: flowcharts, mindmaps, UML, chart, PlotUML, workflow, sequence, ERD, database & architecture visualization for code, presentations and documentation. [New] Add a logo or any image to graph diagrams. Easy Download & Edit

Sequence diagram explaining the Internet

Mindmap of Martin Luther King Jr. ideas

Promotion process at Google diagram

Show some of the supported diagrams

 1 送出需求

公司正在計劃開發一款新產品，需要製定詳細的產品開發流程圖，包含每步驟的具體內容和所需資源，請協助規劃並繪製成 流程圖 (flow)，並上色美化 ↑

↓

2 過程中需要授權時，點擊**允許**即可

公司正在計劃開發一款新產品，需要製定詳細的產品開發流程圖，包含每步驟的具體內容和所需資源，請協助規劃並繪製成流程圖 (flow)，並上色美化

 我將為您創建一個詳細的產品開發流程圖，包含每個步驟的具體內容和所需資源。我會先獲取流程圖的繪製語法提示，然後進行渲染。

現在我會開始：

1. 獲取流程圖的繪製語法提示。
2. 使用提示來創建並渲染流程圖。

> AI 準備開始生成流程圖

稍等片刻，我將為您生成流程圖。

Diagrams: Show Me | charts, presentations, code 想與 diagrams.helpful.dev 交談

 允許　永遠允許　拒絕

⚠ 只允許你信任的網站

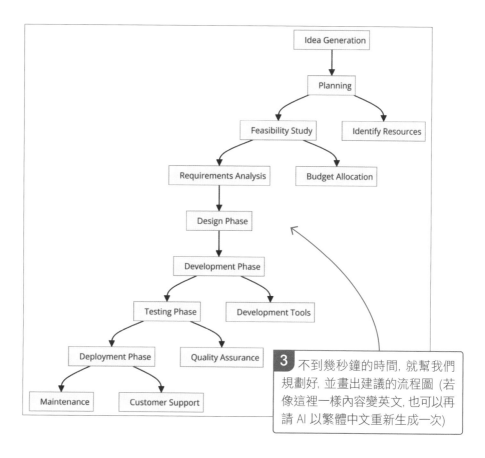

3 不到幾秒鐘的時間，就幫我們規劃好，並畫出建議的流程圖 (若像這裡一樣內容變英文，也可以再請 AI 以繁體中文重新生成一次)

Diagrams AI 有跟一些線上的圖表繪製平台整合，當 AI 畫完圖後，您想要對圖表內容進行修改，可以點擊回答中的連結：

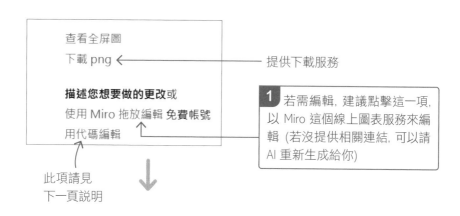

提供下載服務

1 若需編輯，建議點擊這一項，以 Miro 這個線上圖表服務來編輯 (若沒提供相關連結，可以請 AI 重新生成給你)

此項請見
下一頁說明

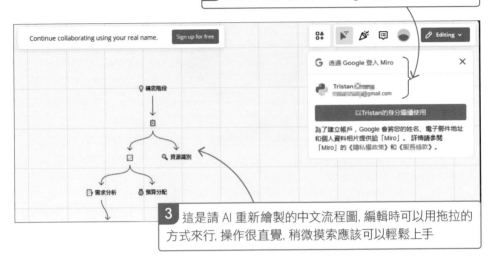

2 若要求登入使用, 以 Google 帳號即可快速登入

3 這是請 AI 重新繪製的中文流程圖, 編輯時可以用拖拉的
方式來行, 操作很直覺, 稍微摸索應該可以輕鬆上手

職場生產力 UP

至於前一頁下圖 AI 提供的另一個「**用代碼編輯**」連結, 點擊後會開啟 **Mermaid**
這個圖表服務, 它是用類似寫程式的做法來規劃圖表, 手法比較進階, 若您有興
趣可再自行研究:

用類似程式的代碼來規劃圖表, 有興趣
可再研究 Mermaid 這個服務的用法

圖表展示區 (左邊的 Code 修改
後會立即在這邊看到結果)

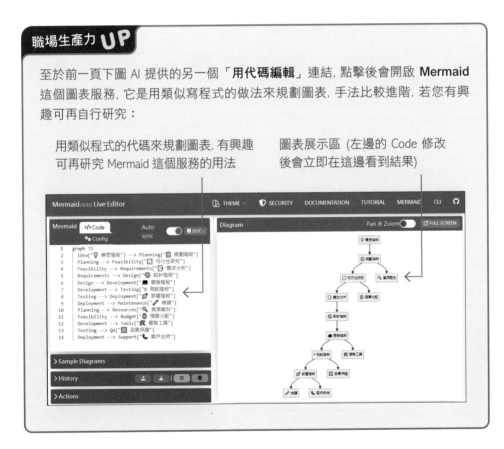

　　當然, 若 AI 所生成的圖表不如您意, 也不見得要自己手動編輯, 可以繼續下指示給 AI 請它修改, 舉凡**改錯字**、**改流程動向**, 甚至要**換個圖表來呈現**都可以：

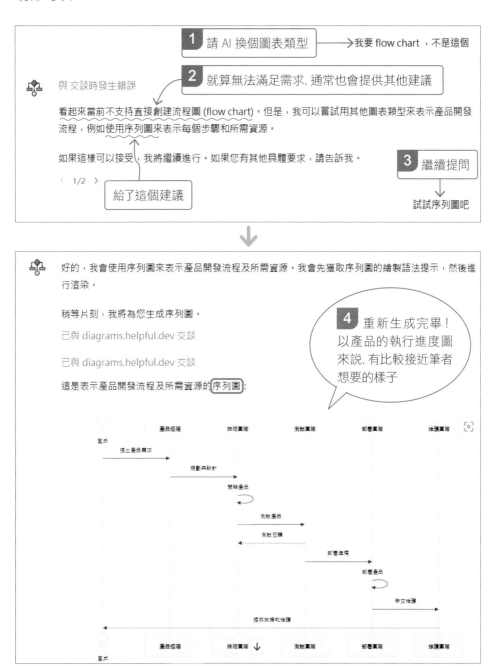

☑ 請 AI 將手邊的數據資料繪製成圖表

當然，除了請 Diagrams AI 發想 idea 並繪製圖表外，也可以**餵入您手邊既有的數據給 AI**，例如公司想對各季度的研發投入進行分析，以便了解不同類型研發投入的情況，可以考慮用**柱狀圖**來展示各季度在產品研發、技術研發和其他研發方面的投入分佈：

季度	研發投入（萬元）	產品研發投入（萬元）	技術研發投入（萬元）	其他研發投入（萬元）		
第一季度	150	80	50	20		
第二季度	180	100	60	20		
第三季度	200	110	70	20		
第四季度	220	120	80	20		
▶ …	產品市場佔有率比較		公司季度研發投入趨勢		不同類型產品的年銷售	

▲ 想請 AI 將手邊的數據繪製成圖表

（上傳 Excel 檔案）

幫我把檔案中的「公司季度研發投入趨勢」工作表，畫成圖表，**給我 3 組圖表類型建議**, reply in 繁體中文

> 如果對用什麼圖表沒概念，交給機器人提供建議吧！

如下所展示的，Diagrams AI 很智慧地提供幾個繪製結果，您可在研究後，選擇希望傳達資訊的版本：

- ◉ **折線圖 (Line Chart)**：展示了總研發投入、產品研發投入、技術研發投入及其他研發投入的季度趨勢：

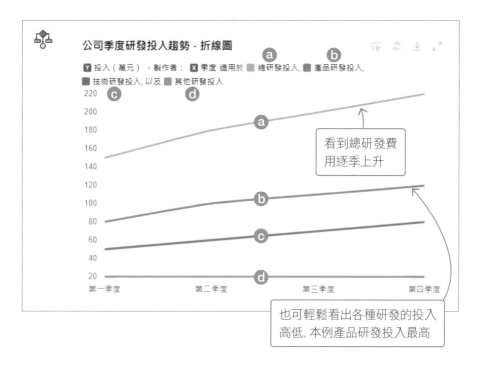

● 堆疊柱狀圖 (Stacked Bar Chart)：

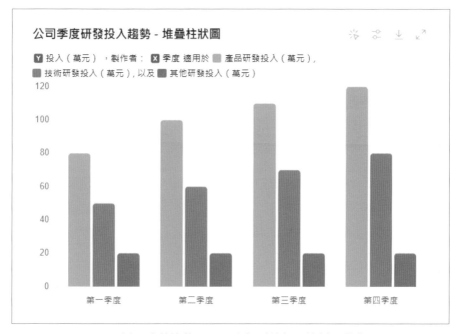

▲ 可以更清楚比較不同研發類型的投入比例及變化

☑ 請 AI 生成其他類型的圖表

熟悉 Diagrams AI 的基本操作後,以下是請它繪製的各種圖表範例,我們一併來展示此 AI 能幫忙繪製哪些圖表:

> **TIP** 再次提醒,下指示給 Diagrams AI 時,描述需求可以用中文,但指定圖表類型時建議用**英文**,比較容易生成準確的圖表。

甘特圖 (Gantt chart)

例:公司正在進行重要專案,需要追蹤各子任務的進度。每個子任務的開始和結束日期需要清楚地顯示出來,以確保專案能夠按時完成。**甘特圖**可以直觀地展示專案的時間安排,幫助專案經理有效地控管進度。

請幫我繪製 **Gantt chart**,每個任務的開始和結束日期需要清楚地顯示出來,相關資料如下:

> 用英文來指定圖表類型

任務, 開始日期, 結束日期
需求分析, 2025-01-01, 2025-01-15
設計, 2025-01-16, 2025-02-15
開發, 2025-02-16, 2025-04-15
測試, 2025-04-16, 2025-05-15
部署, 2025-05-16, 2025-05-31

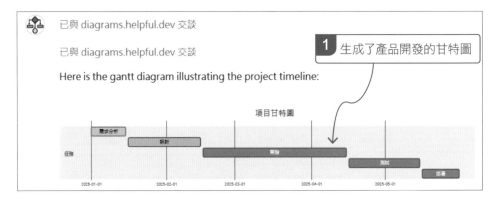

2　不只這樣喔！還可以請 AI 繼續幫你強化圖表內容

各大項有什麼建議可以幫我加上去

 已與 diagrams.helpful.dev 交談

以下是一些可以改進圖表的建議　←　3　AI 點出可以強化的內容

- **增加依賴關係**：在任務之間添加依賴關係，使得每個任務的順序更加清晰，了解哪些任務必須在其他任務完成後才能開始。

- **標記重要里程碑**：在甘特圖中標記出重要的里程碑，這可以幫助團隊聚焦在關鍵日期和事件上。

- **使用顏色區分**：使用不同的顏色來區分各種任務類型（例如需求分析、設計、開發等），讓圖表更具可讀性和美觀性。

如上圖所示，很多時候 AI 只會用文字回覆一些改善建議，若想實際著手修改，最快的做法就是**把 AI 所產生的建議再丟回給 AI**，看看生成的內容是否OK，再看下一步要怎麼做。

心智圖 (mind map)

在職場上，無論是資訊整理、專案腦力激盪、產品需求分析…等，**心智圖**都是很有用的工具。心智圖的核心是將一個中心主題分解成多個分支，每個分支又可以進一步分解，形成層次分明的結構，這麼做可以幫助我們思考問題，理清複雜的資訊。

底下的例子是在**觀看課程影片**時，請 Diagrams AI 以心智圖幫我們整理影片內容，透過將關鍵概念、想法和觀點視覺化，能幫助我們更容易理解綱要，也更方便回顧所學：

 https://www.youtube.com/watch?v=0FFLFcB9xfQ

請幫我依據這部影片的內容，畫出 **mind map**。reply in 繁體中文

1 請 AI 快速消化影片, 並將重點繪製成心智圖

 https://www.youtube.com/watch?v=0FFLFcB9xfQ
請幫我依據這部影片的內容,畫出 mind map。reply in 繁體中文

好的,我會根據這部影片的內容繪製一張心智圖。首先,我將觀看這部影片並提取主要內容,接著將使用這些內容來繪製心智圖。請稍等片刻。

步驟:

1. 觀看影片並提取主要內容。

2. 使用這些內容來繪製心智圖。

正在進行第一步... ← **2** AI 提取資訊中

已搜尋 1 個網站

我將根據影片內容製作心智圖,請稍等片刻。影片的主要內容是討論硬技能(Hard Skills)與軟技能(Soft Skills)之間的差異及其重要性。

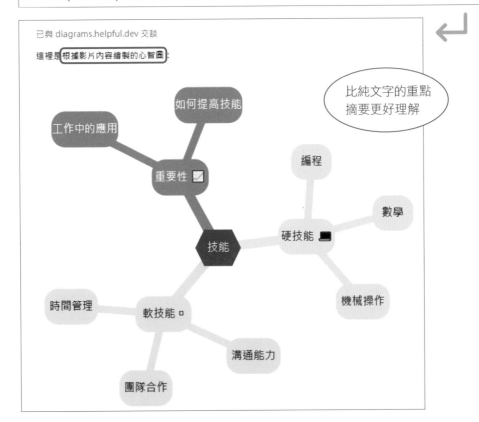

已與 diagrams.helpful.dev 交談

這裡是 根據影片內容繪製的心智圖 :

比純文字的重點摘要更好理解

泳道圖 (Swimlane Diagram)

　　泳道圖 (Swimlane Diagram) 也是常見的流程圖, 可用來描述工作流程中的各個步驟及其責任分配情況, 繪製這類的圖表很花時間, 用 Diagrams AI 兩三下就可完成:

將以下流程繪製成 Swimlane Diagram

流程步驟:
- 客戶提出產品問題
- 客服接收問題
- 客服初步解決問題
- 問題未解決, 轉交技術部門
- 技術部門解決問題

- 技術部門回給客服
- 客服回覆客戶
- 客戶確認問題解決
- 管理層審核服務品質

本例想要把客服的處理流程繪製成圖表

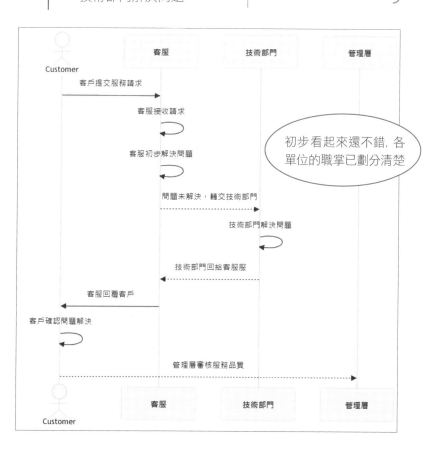

初步看起來還不錯, 各單位的職掌已劃分清楚

使用 AI ▶ Graphy AI

　　雖然我們都知道圖表的重要性，但很多情況下就是**沒有靈感**，甚至不確定該用什麼圖表來呈現數據，唯一確定的只有報告的 title 而已...。在靈感枯竭時，**Graphy AI** 這個 AI 圖表工具絕對是您的救星！

　　Graphy AI 可以透過簡單的文字描述 (至少報告的 title 您知道吧！) 幫我們自動生成最適合的圖表類型，先把這**最容易撞牆的第一步**交給 AI 處理後，再嘗試用它豐富的調校功能以不同圖表來呈現數據。在這個嘗試過程中，對報告的各種想法可能就會油然而生。這種新式的 AI 製圖方式讓圖表製作變得既簡單又有效率。

請連到 http://graphy.app 網站申請好 Graphy AI
免費帳號，用 Google 帳號即可快速申請好

☑ 請 AI 自動生成圖表範本

　　申請好 Graphy AI 免費帳號後，接著看看如何輸入自己的需求請 AI 自動生成圖表。請先開啟 Graphy AI 的首頁 (http://graphy.app)：

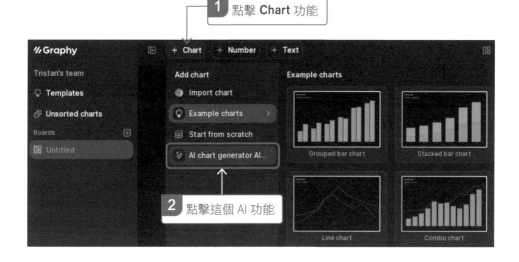

首先，根據自己的需求輸入一段提示語，但這段話也不能太天馬行空，以常見的數據圖表來說，可以把兩項重點包含進去：

- **分類**：例如編預算時會有產品開發、行銷策略、員工薪酬…等類別。銷售數據會有地區分類 (如北美、歐洲、亞洲)，此外分析產品銷量時也會有產品類別分類 (如電子產品、家居用品、服裝)。

- **時間範圍**：在提示語中包含明確的時間範圍 (如 2024 年 1-12 月或 2045 年度)。

當然，若有想法，也可以指定你想要的圖表類型 (如條形圖、圓餅圖…)。

例如：

2024 年 1-12 月書籍專案的寫作人員和行銷人員投入資源規劃

2045 年度預算安排 - 產品開發、行銷策略、員工薪酬 圓餅圖

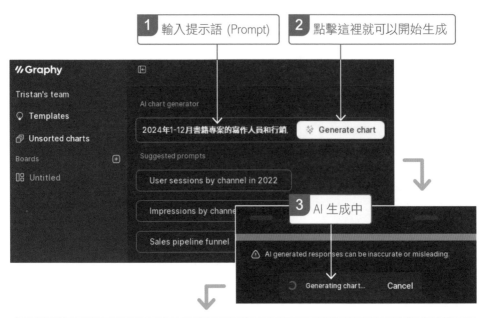

3 AI 生成中

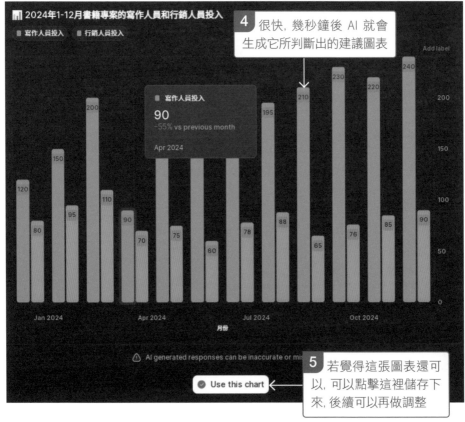

4 很快，幾秒鐘後 AI 就會生成它所判斷出的建議圖表

5 若覺得這張圖表還可以，可以點擊這裡儲存下來，後續可以再做調整

☑ 微調圖表內容

前面您也看到了,其實我們並沒有餵入任何數值給 AI,因此目前所生成的數值都是 AI 根據報告主題所虛構的,僅供您發想參考。如果 AI 所生成的圖表您覺得方向還不錯,就可以繼續做調整:

1 點擊左側的 Boards 功能

3 右側可以看到剛才存下來的圖表,滑鼠在圖表上停留後會看到選單,請點擊 **Edit**

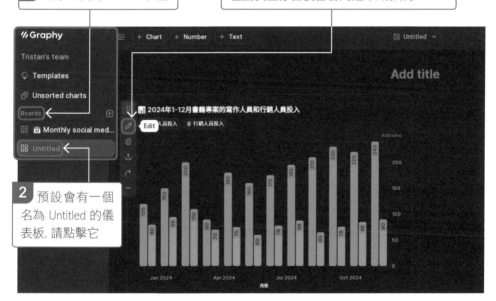

2 預設會有一個名為 Untitled 的儀表板,請點擊它

4 我們可以在生成的圖表基礎上去修改圖表類型及數據, 點擊此圖示

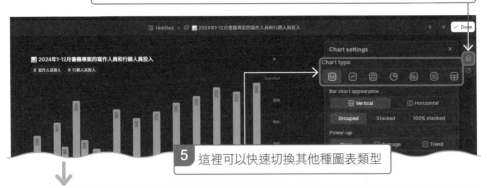

5 這裡可以快速切換其他種圖表類型

6 左側可以馬上看到結果

7 各類型的圖表底下還會提供客製化選項

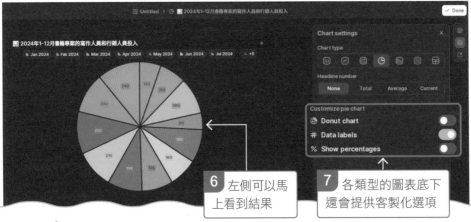

8 別忘了生成的數值、單都是 AI 虛構的, 可以點擊此頁次來修改

9 可以直接在這裡修改數值

☑ 寫報告的救星！請 Graphy AI 幫忙一鍵分析

以上只是稍微體驗 **AI 幫我們一鍵生成圖表**的功能，接著來看 Graphy 當中最貼心、最不可錯過的 AI 功能 - 它可以根據我們設計好的圖表內容進行分析，提供**各種總結式的論點**，這簡直是寫報告的利器啊！

例如 AI 會自動檢測數據中的趨勢，並試著解釋這些趨勢的意義。或者幫我們識別數據中的異常值，提供可能的原因分析。凡此種種，有了 Graphy AI 提供的資訊做為靈感來源，就可以更輕鬆完成報告了：

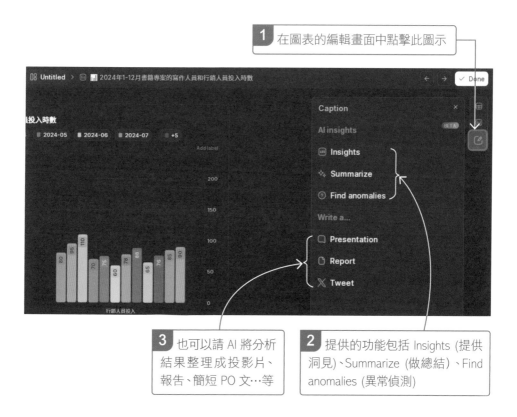

1 在圖表的編輯畫面中點擊此圖示

3 也可以請 AI 將分析結果整理成投影片、報告、簡短 PO 文…等

2 提供的功能包括 Insights (提供洞見)、Summarize (做總結)、Find anomalies (異常偵測)

我們來試試投影片這一項，點擊上圖的 **Presentation**：

1 沒兩三下就生成投影片大綱 (Slde1、Slde2⋯.)

2 點擊此鈕可以將這些內容插入到圖表下方

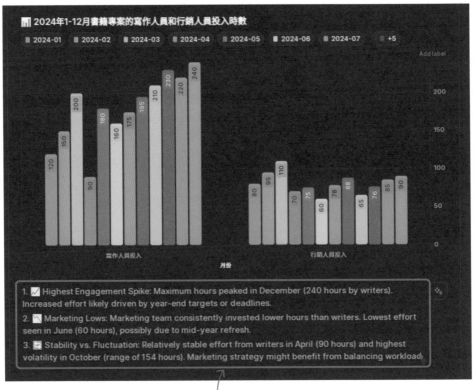

將生成的報告內容置入圖表內, 看起來更有模有樣了

如果需要翻譯報告的內容，可以在前一頁上圖中點擊 **Copy** 鈕，再將內容複製到 ChatGPT 等 AI 聊天機器人做翻譯：

請 AI 聊天機器人翻譯投影片內容

翻成繁體中文

Slide 1: Summary 📊
Analysis of 2024's monthly contributions from writing and marketing staff for book projects. This presentation assesses the average, variance, and trends throughout the year to derive meaningful insights.
Slide 2: Insight 1 ✍️
Writing Staff Effort Peaks
- Writing efforts ranged from 90 to 240 hours.
- Highest input: 240 hours in December.
- Consistently above 180 hours from March onwards.
Slide 3: Insight 2 ☑️
Marketing Staff Stability
- Marketing efforts ranged from 60 to 110 hours.
- Highest input: 110 hours in March.
- Generally stable around the average of 81 hours.
Slide 4: Insight 3 🔄
Consistent Demand Throughout
- Writing & marketing efforts showed high investment in early and end months.
- Writing input significantly higher and variable than marketing.
Slide 5: Conclusion 🚩
Strategically high writing contributions align with marketing efforts' consistency. Peak months saw simultaneous high inputs, suggesting effective coordination. Continuous high input might warrant process optimizations.

幻燈片 1: 摘要 📊
對2024年寫作和市場行銷團隊在書籍專案上的每月貢獻進行分析。本次簡報評估了年度的平均值、變異數和趨勢，以得出有意義的見解。

幻燈片 2: 見解 1 ✍️
寫作團隊努力峰值

- 寫作努力時間範圍在90至240小時之間。

- 最高投入：12月達到240小時。

- 從3月開始，持續超過180小時。

幻燈片 3: 見解 2 ☑️
市場行銷團隊穩定性

- 市場行銷努力時間範圍在60至110小時之間。

- 最高投入：3月達到110小時。

Graphy AI 所提供的參考報告內容，其中的各種「見解」可以多參考是不是您要的方向

看到了吧！AI 實在太強大，**輸入區區一句話，幫我們把圖表、簡報的參考資料都做好了**。當然，以目前示範的例子來說，資料內容都是 AI 虛構的，但筆者認為 Graphy AI 這樣的工具最適合用在當你對做圖表 (或者做簡報) 完全沒有靈感的時候，可以用這個工具快速獲得一些參考範本、或者可以嘗試切入的報告觀點。

但千萬記得是「參考」資料喔！乍看之下 AI 生成的內容還滿有模有樣的，但如同操作時所看到的警語：**AI responses can be inaccurate or misleading**，有些內容細細推敲後可能根本毫無邏輯 (甚至是虛構出來的)。總之，我們可以用 AI 來節省時間和激發靈感，但絕不能完全依賴它，最終的內容還是需要我們自己去檢驗、修正，以確保資訊的準確性。畢竟，**需要真槍實彈上場報告的是您**，不是 AI 啊 ☺！

> **TIP** 之後若需要，可以再把報告內容丟給 Gamma AI 這類的簡報 AI 生成美觀的簡報 (可參考第 5 章)，學會一條鞭的 **AI 圖表＋簡報生成術**。

☑ 職場生產力 UP：抓現成的圖表請 AI 分析

除了生成圖表範本外，Graphy AI 也可以抓取一些現成的圖表來重製、做分析，此服務整合了多種資料來源，包括 Google Analytics、Google Search Console、Google Sheets、Meta Business、LinkedIn Analytics 和 x.com 等，讓使用者可以輕鬆**匯入不同平台上的數據，快速生成視覺化報表**，進一步分析各種指標和績效。

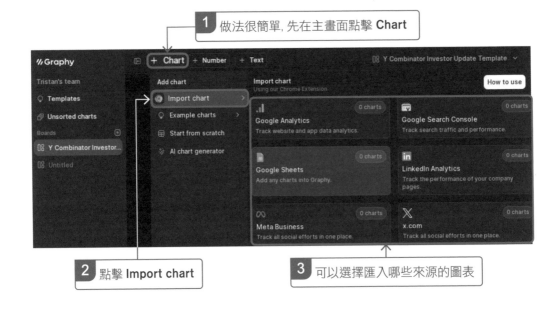

1 做法很簡單，先在主畫面點擊 Chart

2 點擊 Import chart

3 可以選擇匯入哪些來源的圖表

如果您有在用 Google Analytics、Google Search Console、Google Sheets、Meta Business 等服務，就可以輕鬆整合外部資料來生成視覺化報表。例如筆者點擊前一頁圖中的 **Google Sheets**：

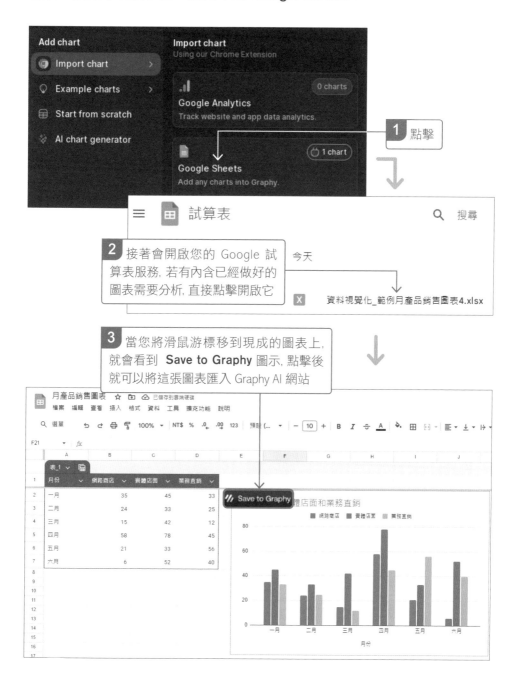

1 點擊

2 接著會開啟您的 Google 試算表服務，若有內含已經做好的圖表需要分析，直接點擊開啟它

3 當您將滑鼠游標移到現成的圖表上，就會看到 **Save to Graphy** 圖示，點擊後就可以將這張圖表匯入 Graphy AI 網站

沒看到 Save to Graphy 圖示？

在您註冊好 Graphy AI 帳號時，應該會引導您安裝 **Save to Graphy** 這個 Chrome 瀏覽器外掛，若在前一頁圖中沒看到此圖示，代表外掛還沒有安裝好，請參考附錄 A-3 節到 Chrome 商店搜尋、安裝：

確認已安裝好 **Save to Graphy** 外掛

4 延續前面的操作，在點擊 **Save to Graphy** 圖示後，畫面會切回 Graphy AI 網站，可看到圖表已經匯入完成了

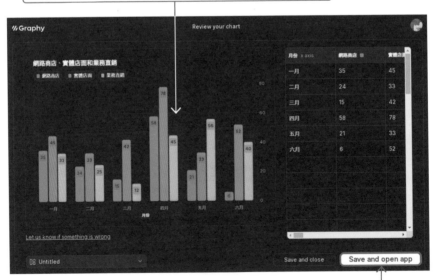

5 點擊這裡儲存，並在儀表板畫面開啟

6 在儀表板畫面中, 將滑鼠游標在圖表上停留, 點擊選單內的 **Edit** 圖示

顯示這張圖表的來源是 Google 試算表

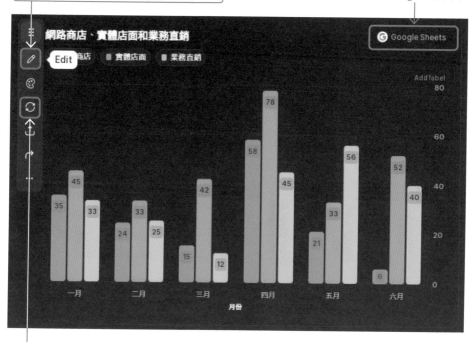

請注意, 這裡的圖表數據跟 Google 試算表是「連動」的喔！若 Google 那端的數據有更新, 可以點擊此圖示進行更新

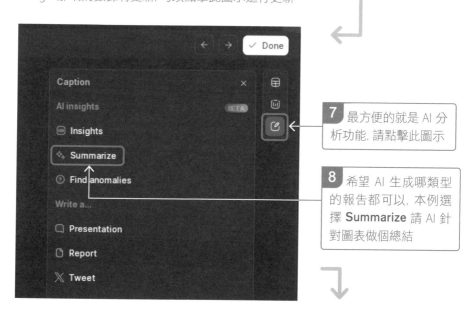

7 最方便的就是 AI 分析功能, 請點擊此圖示

8 希望 AI 生成哪類型的報告都可以, 本例選擇 **Summarize** 請 AI 針對圖表做個總結

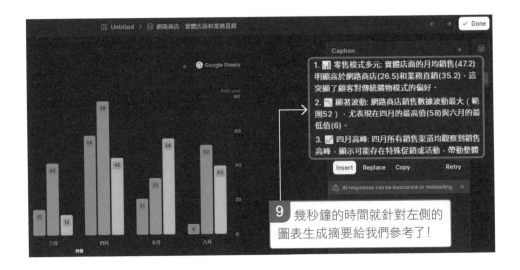

1. 📊 **零售模式多元**: 實體店面的月均銷售(47.2)明顯高於網路商店(26.5)和業務直銷(35.2)，這突顯了顧客對傳統購物模式的偏好。
2. 📉 **顯著波動**: 網路商店銷售數據波動最大（範圍52），尤表現在四月的最高值(58)與六月的最低值(6)。
3. ✅ **四月高峰**: 四月所有銷售渠道均觀察到銷售高峰，顯示可能存在特殊促銷或活動，帶動整體

9 幾秒鐘的時間就針對左側的圖表生成摘要給我們參考了！

　　以上是以連動 Google 試算表中的圖表來進行，我們可以更有效率地管理和分析數據。除了與 Google 試算表連動外，也不要錯過 Graphy AI 能與 **Meta 廣告**和 **Google 分析**連動這個優點，特別是這兩者裡面都有大量密密麻麻的圖表和數據，Graphy AI 強大功能夠將這些複雜的數據轉化為可供參考的資訊，再也不怕「有看沒有懂了」！

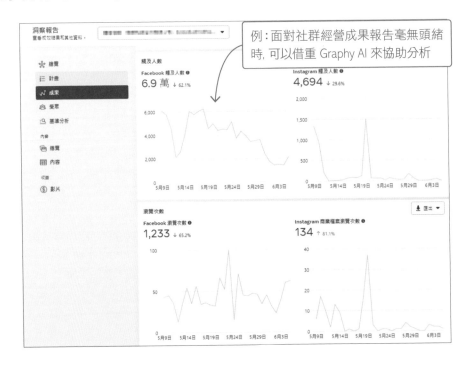

例：面對社群經營成果報告毫無頭緒時，可以借重 Graphy AI 來協助分析

11
CHAPTER

程式設計 AI

幫你寫程式、
找 bug、全自動優化功能

11-1 用 AI 聊天機器人處理程式大小事

11-2 雲端 Colab AI：AI 輔助寫程式超輕鬆！

11-3 用 GitHub Copilot 高效協助開發程式

前面我們請 ChatGPT 等 AI 聊天機器人做事時，可以看到滿多時候 AI 都是在背後**撰寫程式**來處理。IT 工程師就不用說了，其實連很多 IT 背景的人也知道學程式的好處，但始終沒踏出學習的第一步，原因無它，程式始終看起來還是有點難⋯

其實很多人倒不是想學得多深入的程式，只是夠解決一些問題就好，例如將**繁瑣的事情自動化、做批次處理**⋯等等。雖然我們前面已經示範這些工作可以請 AI 幫忙，但多少具備一些程式基礎也是不錯的 (您可以稍微了解 AI 解決問題的手段是什麼)。甚至，**學程式 / 寫程式這項挑戰，也可以用 AI 來輔助**，變得無比容易上手喔！本章就來看怎麼做。

> **TIP** 程式語言有許多種，由於 Python 語法簡潔、擴充性強，是最熱門、最適合新手學習的程式，因此本章在談論程式時都會以 Python 來示範。

11-1 用 AI 聊天機器人處理程式大小事

使用 AI ▶ AI 聊天機器人 (ChatGPT、Copilot、Gemini)

ChatGPT、Copilot、Gemini⋯等 AI 聊天機器人除了語言表達能力非常強大外，它們的程式設計能力也不遑多讓喔！AI 除了可以幫我們**快速生成程式**外，不管任何程式問題，例如**找 bug、補完關鍵內容、上註解、改造程式、增強功能**⋯通通難不倒它，一起來看如何使用吧！

☑ 技巧 (一)：從無生有生成一段程式

先從最基本的「**請 AI 聊天機器人生成 Python 程式碼**」看起，我們以 Google 的 Gemini (https://gemini.google.com) 聊天機器人來做示範。

> **TIP** 用 Gemini 聊天機器人的好處是，當生成 Python 程式後，可以快速在 Google 的 Colab 雲端程式平台開啟、執行，底下就會看到怎麼做。

請 AI 生成 Python 程式

首先，輸入一個清楚明確的提示語，讓 AI 聊天機器人理解您的需求，例如描述程式的用途：

送出提示語後，可以看到 AI 聊天機器人非常快速地生成程式：

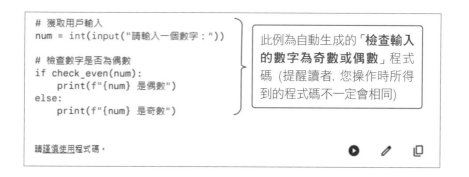

```
# 獲取用戶輸入
num = int(input("請輸入一個數字："))

# 檢查數字是否為偶數
if check_even(num):
    print(f"{num} 是偶數")
else:
    print(f"{num} 是奇數")


請謹慎使用程式碼。
```

此例為自動生成的「**檢查輸入的數字為奇數或偶數**」程式碼 (提醒讀者，您操作時所得到的程式碼不一定會相同)

程式生成好當然要驗證是否可用，我們要選擇一個 Python 程式碼編輯器，不管是安裝在電腦上的程式編輯工具或線上的環境都可以，這裡我們使用 Google 的 **Colab 雲端程式平台**，用瀏覽器就可以編寫和執行程式碼：

TIP 雖然很多 AI 聊天機器人上面也可以直接跑程式結果，不用再複製到其他地方執行，但依經驗，在 AI 聊天機器人的介面跑程式出現 Error 的機率很高，因此還是學一下如何複製、執行 AI 生成的 Python 程式。

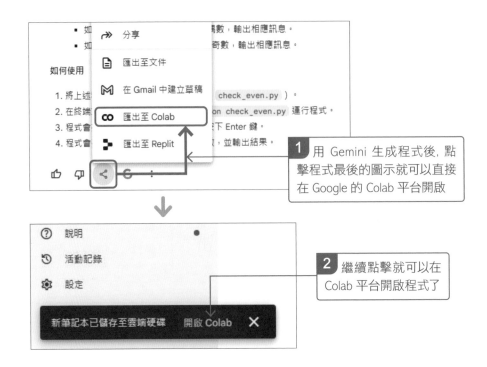

1 用 Gemini 生成程式後, 點擊程式最後的圖示就可以直接在 Google 的 Colab 平台開啟

2 繼續點擊就可以在 Colab 平台開啟程式了

如果您是使用其他 AI 聊天機器人, 或者, 您想要手動複製程式到 Google Colab 平台執行, 也可以如下操作：

1 用您的 Google 帳號登入 https://colab.research.google.com 網站後, 點擊新增筆記本

```
    + 程式碼   + 文字

 1 def  check_even(num):
 2         """檢查輸入的數字是否為偶數。
 3
 4         Args:
 5                 num: 要檢查的數字。
 6
 7         Returns:
 8                 如果  num  是偶數，返回  True；否則返回  False。
 9         """
10
11         if  num  %  2  ==  0:
12                 return  True
13         else:
14                 return  False
15
16 #  獲取用戶輸入
17 num  =  int(input("請輸入一個數字："))
18
19 #  檢查數字是否為偶數
20 if  check_even(num):
21         print(f"{num}  是偶數")
22 else:
23         print(f"{num}  是奇數")
24 |
```

> **2** 點選 11-3 頁 Gemini 聊天畫面右下角的 🗐 圖示複製程式碼, 貼入
> Google Colab 內, 如紅框處所示。在 Colab 內這稱為一個程式區塊 (cell)

我們可以試著點擊上圖左上方的執行鈕 ▶ 來執行這個程式區塊：

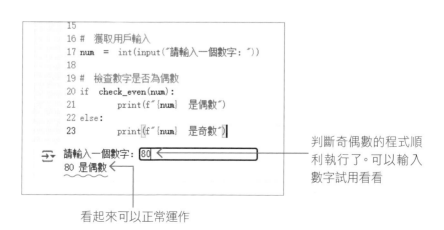

```
15
16 #  獲取用戶輸入
17 num  =  int(input("請輸入一個數字："))
18
19 #  檢查數字是否為偶數
20 if  check_even(num):
21         print(f"{num}  是偶數")
22 else:
23         print(f"{num}  是奇數")
請輸入一個數字： 80
80 是偶數
```

判斷奇偶數的程式順
利執行了。可以輸入
數字試用看看

看起來可以正常運作

生成複雜一點的程式也 OK

　　如何，用 AI 很方便吧！當然，如果您的需求比較複雜，懂程式的過來人都會教說**先用中文把需求描述出來**，梳理好思路再慢慢轉化成程式。以往是這樣沒錯，但 AI 時代有更快的方法！如果已經用中文描述出來，就可以試著丟給 AI 幫忙**寫出範本程式**，若生成的程式不太符合需求，也可以在交談過程中一步步修改成您要的內容。例如以下這個開發購票系統的例子：

幫我寫一段 python 程式, 功能如下：

1. 未滿 18 歲不能觀賞此部電影

2. 18 歲以上、59 歲以下客人的票價為 400 元

3. 60 歲以上客人的票價為 200 元

4. 身上帶著集點卡, 而且已經累積看過 5 部電影的客人,
   票價為 200 元

> 將整理好的需求列給 AI 聊天機器人

好的，以下是符合您需求的 Python 程式碼：

> 自動生成了一個版本

Python

```python
def main():
    # 詢問使用者年齡
    age = int(input("請輸入您的年齡："))

    # 檢查使用者是否未滿 18 歲
    if age < 18:
        print("未滿 18 歲不能觀賞此部電影")
        return

    # 詢問使用者是否持有集點卡
    has_loyalty_card = input("您是否持有集點卡？(y/n)：") == "y"

    # 詢問使用者已經累積看過多少部電影
    movies_seen = int(input("您已經累積看過多少部電影？："))

    # 計算票價
    if has_loyalty_card and movies_seen >= 5:
        ticket_price = 200
    elif age >= 60:
        ticket_price = 200
    else:
        ticket_price = 400
```

再次提醒！AI 聊天機器人幫我們所生成的程式每次都會不一樣，還有就是，**絕不能 100% 相信 AI 所生成的程式**，若打算用，一定要將程式複製下來詳加測試。

如果您覺得生成的程式有點小複雜，這是小事，可以試著繼續與 AI 溝通。我們接續上圖的操作：

程式有點長，請試著精簡，**在 10 行完成**

好的，以下是精簡後的 Python 程式碼，在 10 行內完成：

> 如我們的要求程式變短了一點，AI 還真是「使命必達」

```Python
def main():
    age = int(input("年齡:"))
    if age < 18:
        print("未滿 18 歲不能觀賞")
        return
    loyalty_card = input("集點卡 (y/n):") == "y"
    movies_seen = int(input("看過電影數:"))
    ticket_price = 200 if (loyalty_card and movies_seen >= 5) or age >=
    print(f"票價:{ticket_price} 元")
```

看到了吧！用 AI 我們其實可以生成 N 個版本 (精簡版、10 行版、20 行版…)，雖然很棒，但我們一再重申**請先紮穩基礎再用 AI**，否則 AI 給的程式錯了，您也看不出來，可能也無法提供它修改方向。當然，AI 給的程式絕對有可能超出您當下所會的語法，當看不懂時也可以試著溝通，例如：

不要在程式裡面用**巢狀的寫法**，再給我一個版本

跟 AI 繼續溝通 (要學一些基礎才知道如何提供 AI 修改方向喔！)

不要在程式裡面用 **and not** 算符

不要用 **def** 函式寫法

總之，遇到什麼困難，試著跟 AI 程式幫手反應就對了！

☑ 技巧 (二)：程式執行錯誤？丟給 AI 幫我們除錯

AI 生成的程式錯了怎麼辦？像技巧 (一) 示範的「檢查輸入的數字是奇數或偶數+」例子，當按下執行鈕執行程式時，若輸入了非數字的資料，如英文字母 a，程式就無法計算出結果，並顯示類似下圖的錯誤訊息：

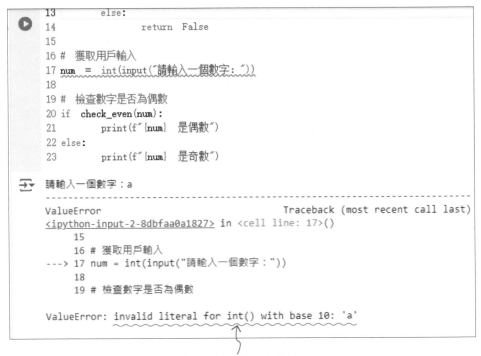

意思是輸入字母會錯誤

這時當然再度求助 AI 最快！回到 Gemini 告訴它遇到的錯誤訊息 **"ValueError: invalid literal for int() with base 10: 'a'**，請它重新生成 Python 程式碼：

 執行後遇到 ValueError: invalid literal for int() with base 10: 'a'

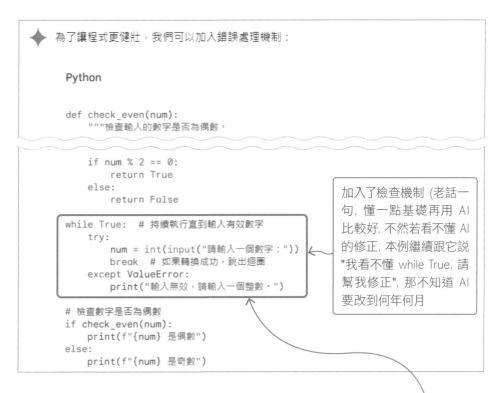

為了讓程式更健壯，我們可以加入錯誤處理機制：

Python

```python
def check_even(num):
    """檢查輸入的數字是否為偶數。
```

```python
    if num % 2 == 0:
        return True
    else:
        return False

while True:    # 持續執行直到輸入有效數字
    try:
        num = int(input("請輸入一個數字："))
        break    # 如果轉換成功，跳出迴圈
    except ValueError:
        print("輸入無效，請輸入一個整數。")

# 檢查數字是否為偶數
if check_even(num):
    print(f"{num} 是偶數")
else:
    print(f"{num} 是奇數")
```

加入了檢查機制 (老話一句，懂一點基礎再用 AI 比較好，不然若看不懂 AI 的修正，本例繼續跟它說 "我看不懂 while True, 請幫我修正", 那不知道 AI 要改到何年何月

如上圖所示，AI 替程式加上了 **try-except** 語法，這可以用來處理使用者輸入時可能發生的錯誤，例如當輸入非數字資料時會提示「輸入無效，請輸入一個整數」。

更貼心的是，有些 AI 還會提供**修改說明**，如下圖所示 (再次提醒：AI 回答每個人的內容不一定會相同)：

提供程式改寫說明

改進之處

1. 使用 while True 迴圈：

   ○ 程式會不斷提示用戶輸入，直到輸入有效的整數為止。

2. 使用 try-except 錯誤處理：

   ○ try 區塊中的程式碼嘗試將輸入轉換為整數。

   ○ 如果轉換成功，break 語句會跳出迴圈。

   ○ 如果發生 ValueError（表示輸入不是整數），except 區塊會捕獲錯誤，並輸出提示訊息。

接著可以再把重新生成的程式碼複製到 Google Colab 上執行, 然後輸入各種可能的資料來測試, 如果沒有出現任何錯誤的訊息, 我們就得到一支可以順利運作的程式了:

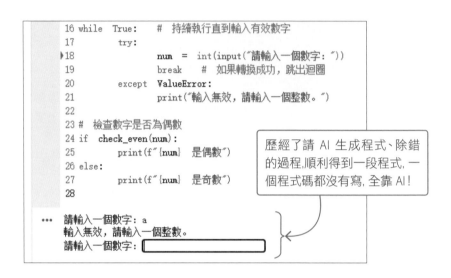

```
16 while  True:     #  持續執行直到輸入有效數字
17         try:
▶18             num  =  int(input("請輸入一個數字："))
19             break   #  如果轉換成功, 跳出迴圈
20         except  ValueError:
21             print("輸入無效, 請輸入一個整數。")
22
23 #  檢查數字是否為偶數
24 if  check_even(num):
25         print(f"{num}  是偶數")
26 else:
27         print(f"{num}  是奇數")
28
```

> 歷經了請 AI 生成程式、除錯的過程,順利得到一段程式, 一個程式碼都沒有寫, 全靠 AI!

```
··· 請輸入一個數字: a
    輸入無效, 請輸入一個整數。
    請輸入一個數字: [          ]
```

　　以上所舉的例子很簡單, 但應該足以體會**用 AI 輔助學習程式**的妙用, 更棒的是有些初學的問題可能不好意思問人, 有了 AI 聊天機器人後, 哈! 什麼問題儘管問!

　　最後, 我們還是要不厭其煩要提醒讀者, 很多時候我們會像前面技巧 (一) 一樣, 請 AI **從無到有生成程式**, 依筆者的經驗不見得一次就會生成 OK, 程式執行後可能冒出各種錯誤。當然, 一旦錯誤時, 可以像技巧 (二) 一樣反問 AI 讓它幫它自己生成的程式除錯, 但讀者最好還是穩紮穩打學好程式基礎再來用 AI, 因為萬一 AI 寫出來的程式無法執行時, 你壓根看不懂, 又沒有除錯、修改、或者提供 AI 修正方向的能力, 到頭來可能一直跟 AI **瞎聊**, 它什麼忙也沒幫上。總之, 即便有 AI 的幫助, 紮穩自己的基本功還是最重要的!

> **TIP** 有關紮穩程式基礎, 除了看書、看影片課程自學外, 也可以參考底下的技巧 (三)、技巧 (四), 請 AI 來輔助學習。

☑ 技巧 (三)：請 AI 做程式基礎教學

AI 在生成程式時，一定免不了用到我們看不懂的語法，例如技巧 (二) 的例子中，**Gemini** 聊天 AI 就用了 while True、try…except 等語法來優化程式，雖然它有做了一些說明，但如果還是不太懂這這些語法，可以繼續透過 AI 來學習。例如：

請給我一段 while True 的簡易教學

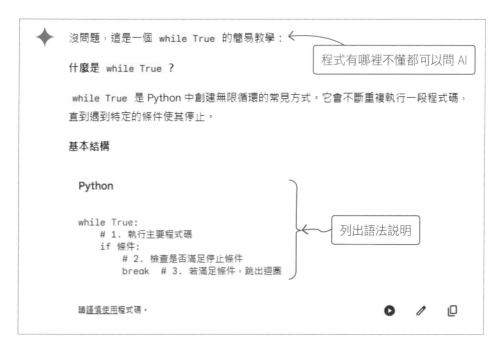

沒問題，這是一個 while True 的簡易教學：

程式有哪裡不懂都可以問 AI

什麼是 while True ？

while True 是 Python 中創建無限循環的常見方式。它會不斷重複執行一段程式碼，直到遇到特定的條件使其停止。

基本結構

Python

```
while True:
    # 1. 執行主要程式碼
    if 條件:
        # 2. 檢查是否滿足停止條件
        break  # 3. 若滿足條件，跳出迴圈
```

列出語法說明

請謹慎使用程式碼。

☑ 技巧 (四)：請 AI 替程式加上註解

在程式中有很多語法是用來**彈性控制程式的執行流程**，像剛才看到的 while True 迴圈就是其中之一，而在迴圈當中，也會有更細緻的控制語法，例如 break 可用來跳出迴圈，而 continue 則可直接跳回 '下一圈' 的開頭 (很多初學者可能光聽到這裡就昏了)…

學了程式之後, 您應該會蠻常觀摩別人的程式, 萬一日後看到一段迴圈程式中, 既有 break, 又有 continue, 可能得研究一番、在程式上比劃老半天才知道細節究竟是怎麼跑的。這時候可以請 AI 幫我們說明一下程式的用途:

請問下列程式碼的功能?

```
i = 1
while True:
    if i == 5:
        i += 1
        continue
    print(i, end=' ')
    if i == 10:
        break
    i += 1
print('結束')
```

> 既有 break, 又有 continue, 一時看不出程式怎麼 run 的, 就可以貼上程式碼問 AI

這段程式碼的功能是輸出數字 1 到 10, 但會跳過數字 5。

> AI (本例是使用 Gemini 聊天機器人) 詳細解釋了程式碼的功能

詳細解釋

1. **初始化:**

   ○ `i = 1`: 設定變數 `i` 的初始值為 1, 作為迴圈的計數器。

2. **無限迴圈:**

   ○ `while True:`: 開始一個無限迴圈, 會持續執行, 直到遇到 `break` 語句。

3. **跳過 5:**

   ○ `if i == 5:`: 如果 `i` 的值為 5, 則執行以下程式碼:

     ■ `i += 1`: 將 `i` 的值增加 1, 變成 6。

     ■ `continue`: 跳過本次迴圈的剩餘部分, 直接進入下一次迴圈。

4. **輸出數字:**

   ○ `print(i, end=' ')`: 輸出 `i` 的值, 並在後面加上一個空格, 而不是換行。

如果 AI 回覆的一長串的說明您覺得跟程式不太好對應, 可以換個方法, **請 AI 幫我們逐行上註解**, 註解在程式中是不被執行的文字, 用於解釋程式碼以便日後自己回憶設計過程、或讓別人快速看懂您的程式碼。想請 AI 幫我們上註解, 可以使用「幫忙加註解」或「加上詳細註解」的提示語:

請幫我將以下程式**加上註解**

```python
--------------------
i = 1
while True:
    if i == 5:
        i += 1
        continue
    print(i, end=' ')
    if i == 10:
        break
    i += 1
print('結束')
```

好的, 以下是加上註解的程式碼:

```
Python
```

1 Python 的程式註解使用「#」符號來表示, 符號後面的文字都會被視為註解

```python
# 初始化計數器
i = 1

# 循環執行
while True:
    # 判斷 i 是否等於 5
    if i == 5:
        # 若 i 等於 5,則將 i 加 1
        i += 1
        # 跳過剩餘的程式碼,繼續下一個循環
        continue

    # 輸出 i 的值
    print(i, end=' ')

    # 判斷 i 是否等於 10
    if i == 10:
        # 若 i 等於 10,則跳出循環
```

2 每一行都加上中文註解, 有一種很安心的感覺

☑ 技巧 (五)：請 AI 補強程式功能

AI 也可以幫我們**補強撰寫好的程式**，有時候即使 Python 程式的語法 OK，但執行過程中發生程式無法處理的錯誤，一樣無法得到我們要的結果。例如，想用程式開啟的檔案不存在時，就會出問題，此時 Python 會產生一個例外 (Exception)，例外說白了就是一種錯誤訊息。

> **TIP** 又或者，假設您之後程式功力進步，設計了一個需要使用到網路的程式，程式本身沒什麼問題，但使用者卻可能因為家裡的網路故障而無法執行這個程式，斷網時執行程式也會遇到例外錯誤訊息。

對於有經驗的程式設計者來說，能夠事先想到可能發生例外的地方，提前撰寫好「**發生例外時該如何處理**」的程式是最棒的。不過，才剛開始學 Python 難免經驗不足，「嗚 ~ 我考慮不到那麼多啦！」、「我甚至連有哪些例外都還不知道 ... 還得上官網查 ...」這時候搬出 AI 幫忙最適合，我們可以給 AI 一個範例，然後請它幫我們做補強。例如底下是一個開啟檔案的程式範例：

請幫我針對底下程式寫一段例外處理

```
file_object = opena ('c:/python.txt', 'r')
print (file_object.read())
file_object.close()
```

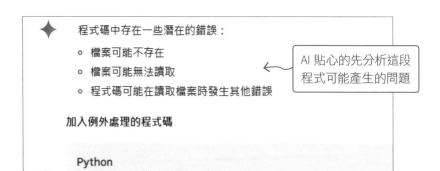

✦ 程式碼中存在一些潛在的錯誤：

- 檔案可能不存在
- 檔案可能無法讀取
- 程式碼可能在讀取檔案時發生其他錯誤

加入例外處理的程式碼

Python

> AI 貼心的先分析這段程式可能產生的問題

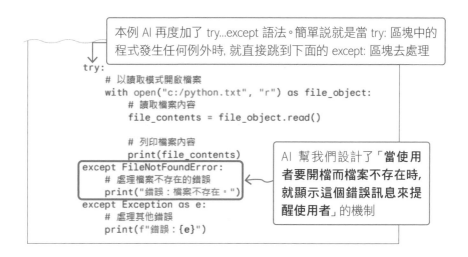

本例 AI 再度加了 try...except 語法。簡單說就是當 try: 區塊中的程式發生任何例外時, 就直接跳到下面的 except: 區塊去處理

AI 幫我們設計了「當使用者要開檔而檔案不存在時, 就顯示這個錯誤訊息來提醒使用者」的機制

如此一來, 程式的運作就更周全了。當然, Python 有近 30 個內建的例外 (docs.python.org/3/library/exceptions. html), 如果覺得不夠想再補強, 可以繼續詢問 AI：

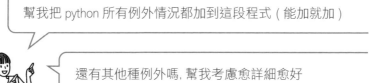

幫我把 python 所有例外情況都加到這段程式 (能加就加)

還有其他種例外嗎, 幫我考慮愈詳細愈好

依小編測試, AI 或許只會列出幾個常見的例外情況 (若覺得不夠可以繼續煩它), 但這樣的做法已經比自己去官網查、然後一個一個撰寫 except: 快多了！

☑ 技巧 (六)：請 AI 改造現成的程式

滿多時候, 我們可能是從其他人的程式得到靈感, **想將別人寫好的現成程式改成自己想要的樣子**。卻往往礙於程度不夠, 怎麼改怎麼都改不出來, 這時就可以請 AI 幫忙：

例如這是一個應用程式的選單 (menu), 想要以它為基礎, 請 AI 幫我們增加更多 Menu 功能

選單的功能是用 Python 的 **tkinter 套件**來做 (不知道再慢慢學就好)，如果您手邊已經有現成的程式碼，可以提供給 AI 參考，請 AI 依循類似的架構來生成程式，方便我們進一步觀察 AI 是怎麼改出來的：

請參考以下程式，幫我利用 tkinter 套件生成選單視窗，需要的結構如下：

檔案：
    開啟新檔
    開啟舊檔
    另存為
    結束
編輯：
    剪下
    複製
    貼上
說明：
    關於本程式

> 把想要的選單結構丟給 AI
> (本例一樣使用 Gemini 來操作)

> 有範例程式的話就附給 AI 做為模板，以免 AI 生成的程式偏差太多，難以跟原程式比對

————————— 以下是參考的程式架構 —————————

```python
import tkinter as tk
import tkinter.filedialog as fd
base = tk.Tk ()

def open():
filename = fd.askopenfilename()
print('open file ⇒ ' + filename)

def exit():
base.destroy()

def find():
print('find !')
```

接下頁

附上程式給 AI 參考, 就算您一時看不懂沒關係, AI 一定看得懂

```python
menubar = tk.Menu(base)
filemenu = tk.Menu(menubar)
menubar.add_cascade(label='File', menu=filemenu)
filemenu.add_command(label='open', command=open)
filemenu.add_separator()
filemenu.add_command(label='exit', command=exit)
editmenu = tk.Menu(menubar)
menubar.add_cascade(label='Edit', menu=editmenu)
editmenu.add_command(label='find', command=find)
base.config(menu=menubar)

base.mainloop()
```

　　萬一, 您手邊沒有範例的程式碼, 也可以把**畫面**餵給 AI 機器人參考, 現在幾乎所有 AI 聊天機器人都可以免費附夾檔上去分析, 非常方便:

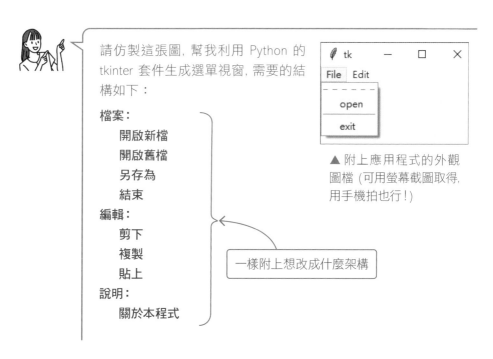

請仿製這張圖, 幫我利用 Python 的 tkinter 套件生成選單視窗, 需要的結構如下:

檔案:
　　開啟新檔
　　開啟舊檔
　　另存為
　　結束
編輯:
　　剪下
　　複製
　　貼上
說明:
　　關於本程式

▲ 附上應用程式的外觀圖檔 (可用螢幕截圖取得, 用手機拍也行!)

一樣附上想改成什麼架構

底下是 AI 幫筆者生成的程式 (您得到的內容不一定會相同) :

好的,以下是使用 `tkinter` 套件生成選單視窗的 Python 程式碼,符合您指定的結構,並使用繁體中文回應:

Python

```python
import tkinter as tk


def main():
    # 建立主視窗
    root = tk.Tk()
    root.title("選單視窗")

    # 建立主選單
    menu_bar = tk.Menu(root)
    root.config(menu=menu_bar)

    # 建立檔案選單
    file_menu = tk.Menu(menu_bar, tearoff=0)
    menu_bar.add_cascade(label="檔案", menu=file_menu)

    # 新增檔案選單項目
    file_menu.add_command(label="開啟新檔", command=open_new_file)
    file_menu.add_command(label="開啟舊檔", command=open_old_file)
    file_menu.add_command(label="另存為", command=save_as)
    file_menu.add_separator()
    file_menu.add_command(label="結束", command=root.quit)
```

取得 AI 生成的程式後, 二話不說, 直接 copy 程式到程式開發環境執行看看, 本例 AI 好樣的, 順利完成了任務!

▲ 選單配置三兩下全弄好!

TIP　由於程式內容不是這裡的重點, 就不附上完整程式碼給讀者了, 讀者若想跟著操作以上內容, 可以**用手機拍下書上的視窗畫面圖**, 並附上「您想將視窗介面改造成什麼樣子」的提示語, 傳給 AI 聊天機器人生成程式碼即可。

此外, tkinter 這種視窗開發的程式並無法在 Google Colab 執行, 若想執行上例的程式, 必須在電腦上安裝 Anaconda (https://www.anaconda.com/download) 這類的工具, 然後利用 Spyder 開發工具來執行, 若您對這些步驟不太熟, 可以參考旗標出版的「**世界第一簡單的 Python「超」入門 - 零基礎 OK！ChatGPT 隨時當助教！**」一書, 該書對如何善用 AI 工具協助學程式有更完整的說明。

小結

　　這一節我們是利用 AI 聊天機器人 (Gemini、ChatGPT、Copilot…等都可以) 來處理程式相關問題, 這些技巧大多是在 AI 聊天介面中操作。您也看到了, 我們經常會在 AI 聊天機器人畫面跟程式開發環境之間切換來切換去。由於寫程式畢竟是在**程式開發環境**中進行, 若頻繁地在不同工具之間切換, 還是難免影響程式開發效率。

　　為了讓開發工作更順暢, 也有一些 AI 程式工具是內建在程式開發環境內的, 例如 **Colab AI**、**GitHub Copilot** 都是**可以直接在程式開發環境呼叫AI 幫忙寫程式**的工具。利用它們可以更有效率地完成程式開發任務, 很多程式設計師可是一用就離不開它們了呢！接下來兩節就來為您介紹。

11-2　雲端 Colab AI：AI 輔助寫程式超輕鬆！

使用 AI ▶ Colab AI

　　前一節我們介紹過 Google Colab 這個 Python 程式的雲端開發平台, 直接打開瀏覽器就可以開始寫程式。而除了基本的寫程式功能外, Google Colab 的一大亮點是內建了 AI 輔助寫程式功能, 稱為 **Colab AI**, 可以直接在程式開發環境呼叫 AI 幫忙編寫程式。

更厲害的是, 它還會根據上下文理解使用者的需求, 主動提出相關的程式碼建議, 連下指示都不用, 時間省更多了!

☑ Colab AI 初體驗

底下我們以**處理一筆營業額資料**為例, 示範如何請 AI 撰寫資料分析及資料視覺化的程式, 全程只需要輸入提示語即可生成相關程式。

首先, 用您的 Google 帳號登入 https://colab.research.google.com 網站, 點擊**新增筆記本**:

接著會在預設的空白程式區塊 (cell) 內看到 AI 輔助寫程式功能, 我們來示範一下怎麼使用:

2 如果對用程式做資料視覺化的步驟沒什麼概念, 可以先詢問 Colab AI, 直接在此輸入提示語即可

3 點擊**生成**

✏ 生成　　我想撰寫資料分析跟資料視覺化的程式, 第一步該做什麼

非訂閱者只能在限定時間內使用程式碼生成功能。　升級至 Colab Pro

▶ 等待中...

本例筆者都是用免費帳號 (非訂閱者) 來完成

一般會生成幾個草案供我們選擇, 點擊左右箭頭就可以切換看要用哪個生成結果

✏ 生成　　我想撰寫資料分析跟資料視覺化的程式, 第一步該做什麼, 以繁體中文回應

< 1 of 4 > 　請謹慎使用程式碼

▶ # prompt: 我想撰寫資料分析跟資料視覺化的程式, 第一步該做什麼, 以繁體中文回應

```python
# 1.  匯入必要的函式庫
import pandas as pd
import matplotlib.pyplot as plt
import seaborn as sns

# 2.  讀取資料
# 您可以使用各種方式讀取資料, 例如從 CSV 檔案、Excel 檔案或資料庫中讀取。
# 以下範例示範如何從 CSV 檔案讀取資料:
df = pd.read_csv("data.csv")

# 3.  探索資料
# 在開始分析資料之前, 您需要先探索資料, 以了解資料的結構、內容和品質。
# 您可以使用各種方法來探索資料, 例如:
# - 使用 df.head() 和 df.tail() 查看資料的前幾筆和後幾筆資料。
# - 使用 df.describe() 查看資料的描述性統計量。
# - 使用 df.info() 查看資料的型態、非遺漏值數量和記憶體使用量。

# 4.  清理資料
# 在分析資料之前, 您可能需要清理資料, 以處理缺失值、異常值和其他資料品質問題。
# 您可以使用各種方法來清理資料, 例如:
# - 使用 df.dropna() 刪除缺失值。
# - 使用 df.fillna() 填補缺失值。
# - 使用 df.clip() 限制異常值。

# 5.  分析資料
# 在清理資料之後, 您就可以開始分析資料了。
# 您可以使用各種方法來分析資料, 例如:
# - 使用 df.groupby() 根據某個欄位分組資料。
# - 使用 df.sort_values() 根據某個欄位排序資料。
# - 使用 df.filter() 篩選資料。
```

列出了資料視覺化的大致步驟

☑ 請 Colab AI 逐步完成資料視覺化程式

對如何進行有點概念後，只要依循這些步驟逐步完成程式即可 (當然，請 AI 寫就好 😊)：

1 撰寫 Python 程式的第一步通常就是匯入準備使用的程式套件。我們直接輸入描述需求的提示語即可：

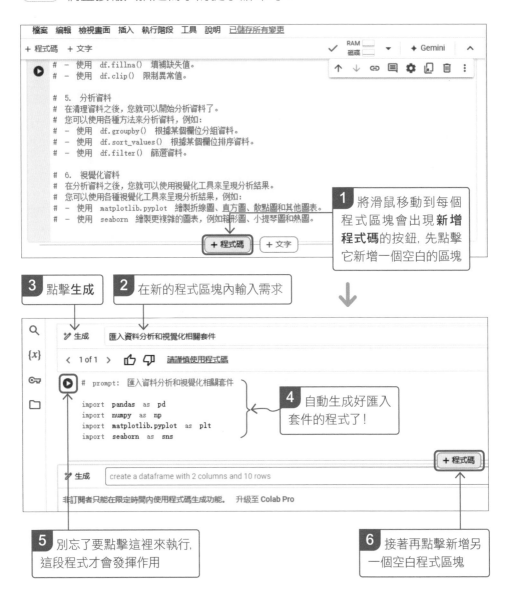

2 第 2 步通常是讀入您想處理的資料, 做法如下:

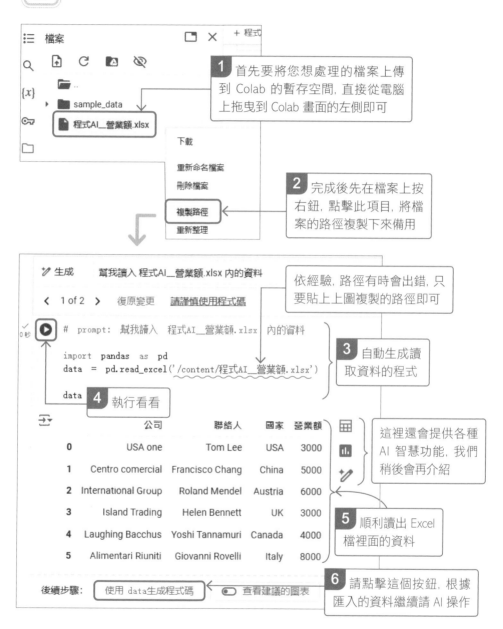

1 首先要將您想處理的檔案上傳到 Colab 的暫存空間, 直接從電腦上拖曳到 Colab 畫面的左側即可

2 完成後先在檔案上按右鈕, 點擊此項目, 將檔案的路徑複製下來備用

依經驗, 路徑有時會出錯, 只要貼上上圖複製的路徑即可

3 自動生成讀取資料的程式

4 執行看看

這裡還會提供各種 AI 智慧功能, 我們稍後會再介紹

5 順利讀出 Excel 檔裡面的資料

6 請點擊這個按鈕, 根據匯入的資料繼續請 AI 操作

TIP 步驟 **6** 的操作非常重要, 依測試, 這樣 Colab AI 才會鎖定上面匯入的資料來操作。

這裡會顯示使用的是剛才所匯入的資料

7 繼續輸入需求,例如請 AI 畫圖

☑ Colab AI 生成的程式有錯怎麼辦?

當然, Colab AI 所生成的程式不見得都會完全正確, 萬一執行後發生錯誤, 若程度還不夠判斷不出原因, 可以試著換其他方案, 然後再執行看看:

1 延續上圖的操作, Colab AI 生成給筆者的第一組程式並無法執行:

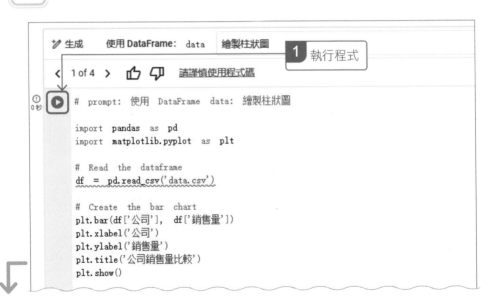

```
----------------------------------------------------------------
FileNotFoundError                         Traceback (most recent call last)
<ipython-input-11-7493f309eded> in <cell line: 7>()
      5
      6 # Read the dataframe
----> 7 df = pd.read_csv('data.csv')
      8
      9 # Create the bar chart
```

2 發生錯誤

↓

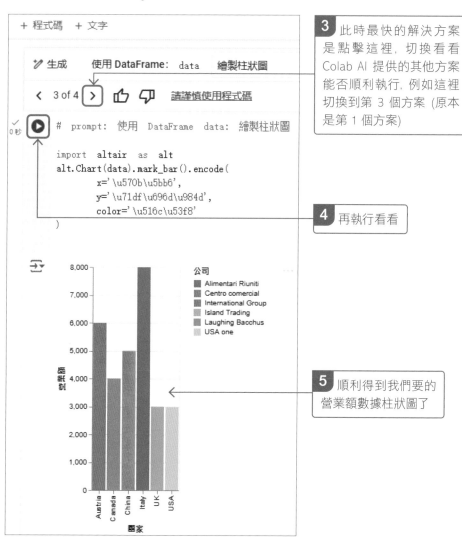

3 此時最快的解決方案是點擊這裡，切換看看 Colab AI 提供的其他方案能否順利執行，例如這裡切換到第 3 個方案 (原本是第 1 個方案)

+ 程式碼　+ 文字

✏ 生成　　使用 DataFrame: data　　繪製柱狀圖

< 3 of 4 >　👍 👎　請謹慎使用程式碼

```
# prompt: 使用 DataFrame data: 繪製柱狀圖

import altair as alt
alt.Chart(data).mark_bar().encode(
    x='\u570b\u5bb6',
    y='\u71df\u696d\u984d',
    color='\u516c\u53f8'
)
```

4 再執行看看

5 順利得到我們要的營業額數據柱狀圖了

公司
- Alimentari Riuniti
- Centro comercial
- International Group
- Island Trading
- Laughing Bacchus
- USA one

Colab AI + Gemini, 程式除錯無往不利！

當然, 如果您的求知慾很強, 想要知道程式錯在哪裡；又或者很不幸的, Colab AI 所生成的程式方案執行後全錯了…, 那就可以試試 Colab AI 提供的 AI 查錯功能 (它其實是呼叫同為 Google 所推出的 Gemini 聊天機器人來對話)：

3 可以看到其實就是在跟 Gemini 對話

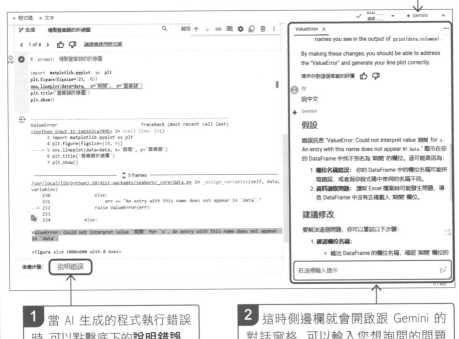

1 當 AI 生成的程式執行錯誤時, 可以點擊底下的 **說明錯誤**

2 這時側邊欄就會開啟跟 Gemini 的對話窗格, 可以輸入您想詢問的問題「為什麼出錯」、「請幫我修正」…等

側邊欄的使用就跟一般跟 AI 聊天機器人一樣, 可以透過跟 Gemini 機器人對話一步步找出錯誤並進行修改：

接下頁

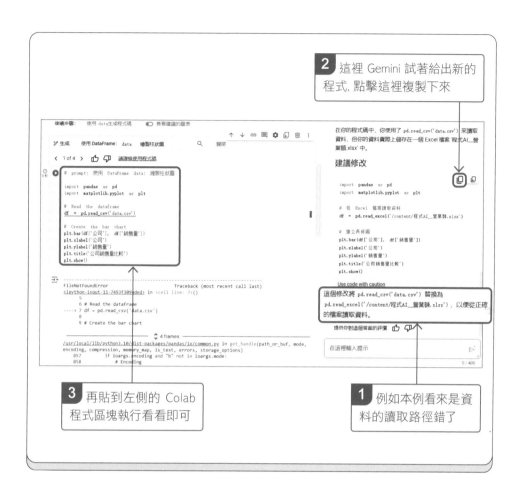

2 這裡 Gemini 試著給出新的程式，點擊這裡複製下來

3 再貼到左側的 Colab 程式區塊執行看看即可

1 例如本例看來是資料的讀取路徑錯了

☑ Colab AI 的其他智慧功能

　　Colab AI 的輔助寫程式功能還不僅於此，它還會在寫程式的過程中，**自動提供許多生成功能**，例如下頁圖是當我們成功匯入資料後，資料表的右邊和底部提供了生成程式碼、檢視建議的圖表…等 AI 生成功能，可以幫我們進一步分析和視覺化資料，連下提示語 (Prompt) 的工夫都省下來了！

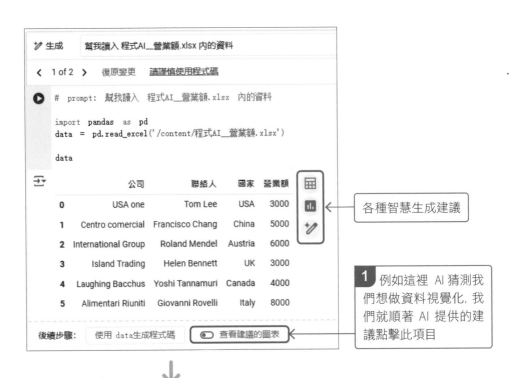

各種智慧生成建議

1 例如這裡 AI 猜測我們想做資料視覺化,我們就順著 AI 提供的建議點擊此項目

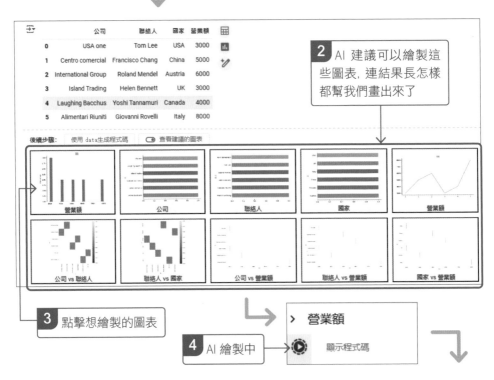

2 AI 建議可以繪製這些圖表,連結果長怎樣都幫我們畫出來了

3 點擊想繪製的圖表

4 AI 繪製中

> 營業額

顯示程式碼

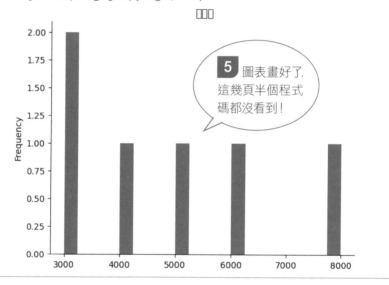

> 營業額

6 有興趣的話可以點擊這裡查看程式碼

```
/usr/local/lib/python3.10/dist-packages/IPython/core/events.py:89: UserWarning: Gl
    func(*args, **kwargs)
/usr/local/lib/python3.10/dist-packages/IPython/core/events.py:89: UserWarning: Gl
    func(*args, **kwargs)
/usr/local/lib/python3.10/dist-packages/IPython/core/events.py:89: UserWarning: Gl
    func(*args, **kwargs)
/usr/local/lib/python3.10/dist-packages/IPython/core/pylabtools.py:151: UserWarnin
    fig.canvas.print_figure(bytes_io, **kw)
/usr/local/lib/python3.10/dist-packages/IPython/core/pylabtools.py:151: UserWarnin
    fig.canvas.print_figure(bytes_io, **kw)
/usr/local/lib/python3.10/dist-packages/IPython/core/pylabtools.py:151: UserWarnin
    fig.canvas.print_figure(bytes_io, **kw)
```

5 圖表畫好了, 這幾頁半個程式碼都沒看到!

TIP
在上述過程中, 我們幾乎不用人工撰寫程式碼 (甚至後半段我們連程式碼都沒看到!), Colab AI 的輔助功能就是這麼適合新手使用。然而, 會讀到這一章的讀者應該多少還是對程式有點興趣, 也不要覺得**「以後寫程式就這樣了, 都交給 AI 啥都不用學了」**。

不可否認的, AI 已經徹底改變了程式學習的生態, 不過, Colab AI 這樣的 AI 工具雖然功能強大, 我們還是建議在任務完成後, 回頭研究它所生成的程式碼內容, 多去了解程式的邏輯和運作方式。程式不是不用學, 只是因為 AI 而誕生了全新的學習方式, 若能以本章介紹的這些 AI 輔助方式快速提升自我能力, 回過頭來再用 AI 絕對更無往不利!

11-3 用 GitHub Copilot 高效協助開發程式

使用 AI ▶ GitHub Copilot

GitHub Copilot 跟前一節介紹的 Colab AI 一樣, 都是內建在程式開發工具裡面的 AI 輔助功能, 用法也有點類似。如果您有開發 Python 程式以外的需求, 就可以改用 **GitHub Copilot** 這個 AI 輔助寫程式工具。

☑ 快速體驗 Github Copilot 的使用方式

由於 Github Copilot 的環境建置步驟有點繁瑣, 必須先安裝好 VS Code 程式開發工具, 再進行一系列的建置作業。為了不讓讀者因為環境架不起來而放棄, 我們直接帶您到 GitHub.com 網站快速做個體驗, 一窺 GitHub Copilot 的使用方式。

> **TIP** GitHub 是程式開發者的集散地, 提供版本控制和協作功能, 讓開發者能夠管理和分享程式。Github 官網有個稱為「**Take GitHub Copilot on a test-flight**」的服務, 可以讓用戶快速體驗 GitHub Copilot 的用法。

請連到 https://resources.github.com/copilot-demo/ 網站：

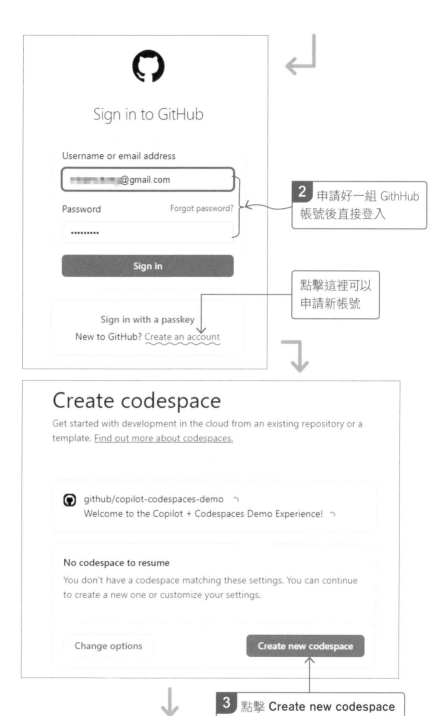

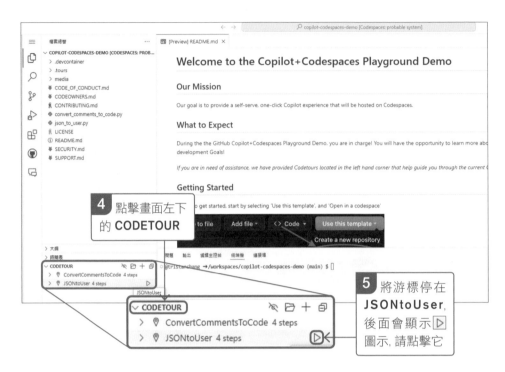

4 點擊畫面左下的 **CODETOUR**

5 將游標停在 **JSONtoUser**，後面會顯示 ▷ 圖示，請點擊它

☑ 直接指揮 AI 寫程式

接著會看到 Github Copilot 提供的「4 步驟說明」demo 程式，照說明一步步完成就能體驗它的 AI 用法，此範例一樣是以 Python 程式來示範：

2 直接點擊 **Next** 進入下一步

1 第一步是範例的說明，此 demo 範例是請 AI 幫忙撰寫 2 個處理個人帳號的函式

3 第 2 步是撰寫第一個函式, 它的 AI 用法是**利用 # 寫註解, 描述我們希望 AI 做的事** (用英文的效果最好, 此例的文字是 demo 程式自動幫我們準備好的)

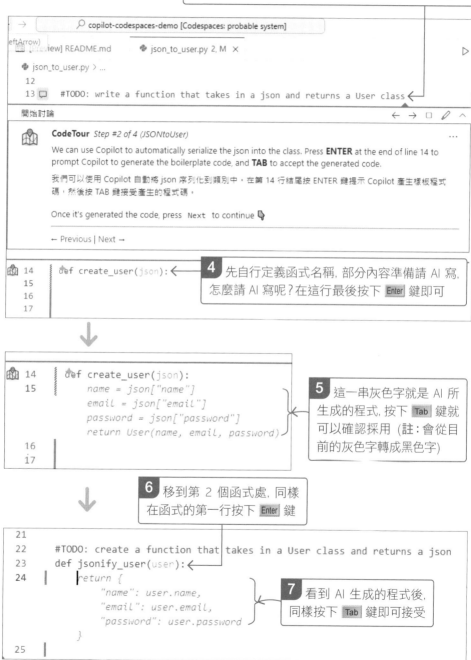

🔍 copilot-codespaces-demo [Codespaces: probable system]

[Preview] README.md   ◈ json_to_user.py 2, M ✕

◈ json_to_user.py > ...

```
12
13  #TODO: write a function that takes in a json and returns a User class
```

開始討論   ← → ▢ ✎ ∧

CodeTour Step #2 of 4 (JSONtoUser)   ...

We can use Copilot to automatically serialize the json into the class. Press **ENTER** at the end of line 14 to prompt Copilot to generate the boilerplate code, and **TAB** to accept the generated code.

我們可以使用 Copilot 自動將 json 序列化到類別中。在第 14 行結尾按 ENTER 鍵提示 Copilot 產生樣板程式碼, 然後按 TAB 鍵接受產生的程式碼。

Once it's generated the code, press Next to continue 👇

← Previous | Next →

```
14    def create_user(json):
15
16
17
```

4 先自行定義函式名稱, 部分內容準備請 AI 寫, 怎麼請 AI 寫呢? 在這行最後按下 Enter 鍵即可

```
14    def create_user(json):
15        name = json["name"]
          email = json["email"]
          password = json["password"]
          return User(name, email, password)
16
17
```

5 這一串灰色字就是 AI 所生成的程式, 按下 Tab 鍵就可以確認採用 (註:會從目前的灰色字轉成黑色字)

6 移到第 2 個函式處, 同樣在函式的第一行按下 Enter 鍵

```
21
22    #TODO: create a function that takes in a User class and returns a json
23    def jsonify_user(user):
24        return {
              "name": user.name,
              "email": user.email,
              "password": user.password
          }
25
```

7 看到 AI 生成的程式後, 同樣按下 Tab 鍵即可接受

很不錯吧！跟前一節的 Colab AI 一樣，GitHub Copilot 會幫我們自動完成程式碼，即使不太熟悉 Python，使用者只需輸入部分程式碼，剩下的由 GitHub Copilot 來完成即可。

當然，也可以用中文描述您想完成的程式內容，只是英文的效果會比較好，例如以下的 demo：

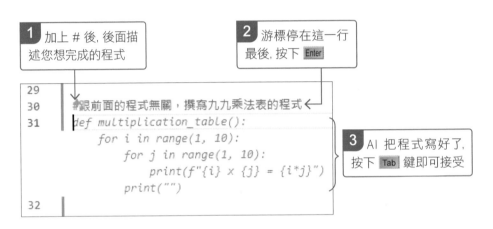

TIP 如果想了解更多使用 GiHub Copilot 輔助寫程式的做法，可以參考旗標出版的「**AI 神助攻！程式設計新境界 － GitHub Copilot 開發 Python 如虎添翼：提示工程、問題分解、測試案例、除錯**」一書。

小結

經由以上的體驗，您應該可以充份感受到 AI 的優點，可以用它生成基本的程式碼，我們再視需要修改、補充細節，這樣學習程式設計的過程就會變得輕鬆很多。

最後再提醒一次，雖然 AI 可以幫助我們更有效率地完成程式，但學好基礎絕對至關重要！AI 是強大的助手，但人類的智慧和創造力是無可取代的。在善用 AI 工具的同時，應該不斷提升自己的基礎能力，才能在程式設計的道路上走得更遠。

PART

03

廣宣製作、文案、網站行銷
的 AI 應用技

12

CHAPTER

廣宣圖像生成 AI

海報、社群貼文圖片、
美編素材…通通請 AI 代勞

12-1 用 AI 生圖助手快速獲得設計靈感
12-2 可商用的 AI 生圖工具 - Adobe FireFly
12-3 缺中意的設計素材 (icon、插圖…)？
用 AI 快速生成！

無論是產品展示、企業廣宣、社群網站的 PO 文⋯，一張**吸引眼球的圖片**可帶來可觀的互動和關注，絕對是產品勝出的重要關鍵。在過去，想要設計出精美的影像圖片，從構思到完成至少也要數天的時間，現在**有了 AI 一切都不一樣了**！例如我們可以先利用 AI 生成初步的概念圖，然後逐步進行微調，大大縮短製作時間。本章將挑選幾個**免費又好用**的 AI 影像生成 (後述簡稱生圖) 工具來介紹，只需簡單的文字描述，AI 就會迅速生成符合需求的影像，即使設計小白也能輕鬆上手！

職場生產力 UP

説到 AI 生圖，不少嘗鮮的玩家或生圖社團大多抱著好玩的心態來玩，然而在職場上需要圖片的情況多的是，例如行銷部門需要製作一張推廣新產品活動的海報、社交小編需要為產品介紹文案搭一張圖片、美編在設計時需要搭配的素材、HR 部門主管需要為季度報告搭配插圖⋯等，多的不得了。而以往需要圖片時，往往要請設計部門操刀，想自己來的多半就上網 Google、或者從成千上百的圖庫勉強找一些相近的來用，現在有了 AI 生圖工具，即便是無中生有都會比以往的作業快上許多！

12-1　用 AI 生圖助手 快速獲得設計靈感

使用 AI　AI 聊天機器人 (ChatGPT、Copilot)

　　最簡單的生圖方法是利用 AI 聊天機器人，只要直接在聊天機器人對話框輸入中文提示語，AI 就會幫我們生成圖片。這部分我們推薦 ChatGPT 跟 Copilot 這兩個工具。

☑ (一) 用 ChatGPT 生成圖片 - 以生成廣宣海報為例

TIP　操作前先提醒讀者，依筆者測試，ChatGPT 有開放生圖功能給免費版用戶使用 (曾經一度收回)，無論如何，若您操作底下第一個範例時無法順利生成圖片，就只好改用 Plus 版帳號了。或者改用稍後會提到的 Copilot 來生圖也行 (完全免費)。

用 ChatGPT 生圖的做法有兩種, 第一種方法是從我們熟悉的對話框來操作, 第二種則是從 GPT 商店選擇 **DALL-E 機器人**來使用。

從 ChatGPT 對話框生成文宣海報範本

只要直接下中文提示語給 ChatGPT 就可以生成圖片, 一次只能生成一張, 而且同一張圖片即使繼續給提示做微調, 新生成的圖片和原圖還是會有不小差距 (即使下「請用同一張修改」的提示語效果也不大), 因此, 筆者認為此做法比較適合用來**汲取設計靈感** (因為生圖後的微調 / 修改彈性比較小)。我們來看一些操作範例:

我們是一間銷售文具的公司, 請幫我生成一個海報封面, 主題是 2024 的文具展

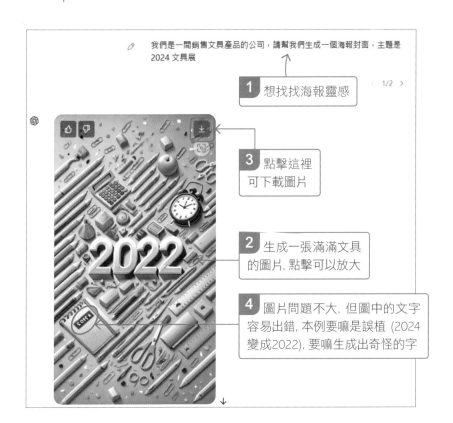

如下所示，即便反覆請 ChatGPT 修正，生成文字的錯誤率還是很高，如果真想用生成好的某張圖片，建議當下就下載回來後製修改：

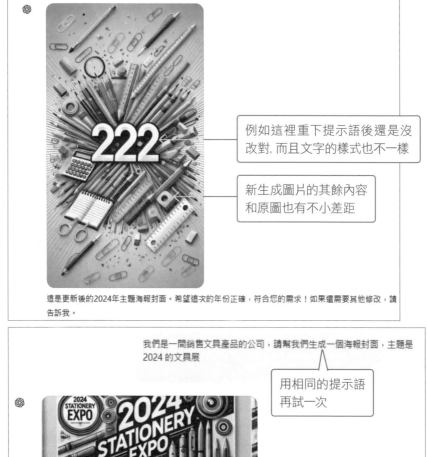

例如這裡重下提示語後還是沒改對, 而且文字的樣式也不一樣

新生成圖片的其餘內容和原圖也有不小差距

這是更新後的2024年主題海報封面。希望這次的年份正確，符合您的需求！如果還需要其他修改，請告訴我。

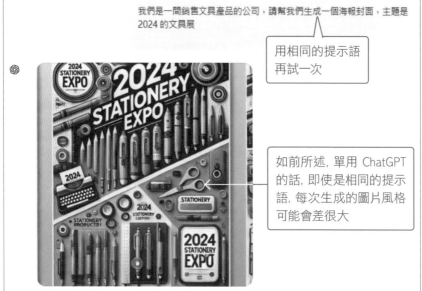

我們是一間銷售文具產品的公司，請幫我們生成一個海報封面，主題是 2024 的文具展

用相同的提示語再試一次

如前所述, 單用 ChatGPT 的話, 即使是相同的提示語, 每次生成的圖片風格可能會差很大

換個範例再測試看看中文生成能力，這次請 ChatGPT 生成某本書的封面風格來參考：

想取名為 AI 職場術，風格還算符合，但生成後的中文果然不太行 (但其實英文字也很常拼錯)

已經為您的書籍《AI 職場術》設計了封面，請看看以下圖片。如果有任何修改需求，隨時告訴我。希望這個封面能夠完美地展示您書籍的主題和風格↓

用明確一點的提示語

如果用 ChatGPT 的生成效果不如預期，有可能是提供的提示語過於廣泛，若能**由我們先想出簡單的主意，再提供給 ChatGPT**，依經驗效果會更好：

請幫我設計一張文具展海報，內容如下

提供明確一點的想法

- -

這個設計以簡約風格為基礎，突顯了文具的創意和多樣性。選擇了明亮的色彩，以表達文具的活力和靈感。在海報中，可以看到一位年輕的台灣女性辦公室職員，她正在書寫、繪畫或設計，展現了文具的多功能性。

提供明確的提示語後,完全根據我們提供的文字描述來生成,效果看起來不錯!

已經為您的文具展設計了一張海報,請查看以下圖片。如果有任何修改需求,隨時告訴我。希望這個設計能夠成功吸引參觀者,讓他們期待這場文具盛會的到來!

但文字部分還是需要
自己再修飾,以免穿幫

　　最後,從以上範例您也看到了,AI 生成的圖片不可能盡善盡美,一定難免會出現怪怪的內容,需要您事後反覆進行檢查。尤其如果您想直接拿 AI 生成的圖片做為設計素材,就得思考**拿該張圖來修改的可行性**。因為依經驗,AI 生成的圖片不見得容易下手改,而且修圖也會耗掉不少時間,比較快的做法是**再請 AI 重新生成**,直到得到破綻比較少的圖片 (若改用待會介紹的 DALL-E 機器人,這個困擾就可大大減少)。

免費圖片生成功能已達到上限！？

提醒讀者, 即便 ChatGPT 開放免費版用戶使用生圖功能, 但一定會有用
量限制, 當您對話到一半時, 可能會出現無法繼續使用的訊息：

通知圖片生成的使用達到上限

你已達到圖像生成上限。
升級至 ChatGPT Plus 或於 明天 上午8:53 後, 再試一次　　　取得 Plus　×

告知大約何時會開放使用

傳訊息給 ChatGPT

改用 DALL-E 機器人生成圖片

使用 AI DALL-E (GPT 機器人)

　　若改用 GPT 機器人來生成圖片, 生成的結果會比單純用 ChatGPT 生
成的圖片更精緻、完整, 重點是生成後的**圖片微調功能很強**, 是筆者比較推
薦的做法, 用法如下。

　　首先在畫面左上方點選**探索 GPT**, 在 GPT 商店找到官方提供的
DALL-E 機器人來使用：

GPT

探索並建立結合指令、額外知識庫和任何技能組合的 ChatGPT 自訂版本。

Q Dall-E

全部

DALL·E
Let me turn your imagination into imagery
作者：ChatGPT

參考附錄 A-2 節的說明, 到 GPT
商店找到 DALL-E 機器人來使用

輸入跟前面相同的提示語給 DALL-E 生圖試試：

> 我們是一間銷售文具的公司, 請幫我們生成一個海報封面, 主題是 2024 的文具展

1 改用 DALL-E 生圖, 圖裡的英文字會稍微正確一點, 但難免還是有奇怪的文字編排出現

這是我們為您生成的 2024 文具展海報封面。請查看, 若需要任何修改或添加細節, 隨時告訴我！

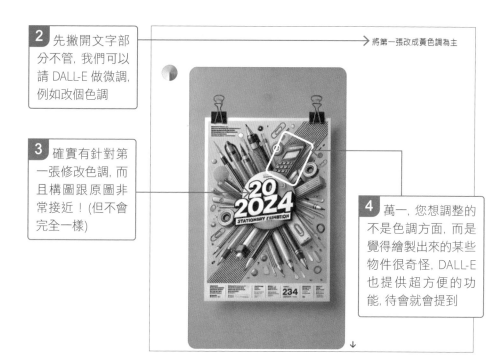

2 先撇開文字部分不管, 我們可以請 DALL-E 做微調, 例如改個色調

→ 將第一張改成黃色調為主

3 確實有針對第一張修改色調, 而且構圖跟原圖非常接近！(但不會完全一樣)

4 萬一, 您想調整的不是色調方面, 而是覺得繪製出來的某些物件很奇怪, DALL-E 也提供超方便的功能, 待會就會提到

DALL-E 機器人也提供比較多 **AI 調圖功能**, 看是要調整圖像尺寸, 或者創造出不一樣的風格效果, 都能輕鬆完成：

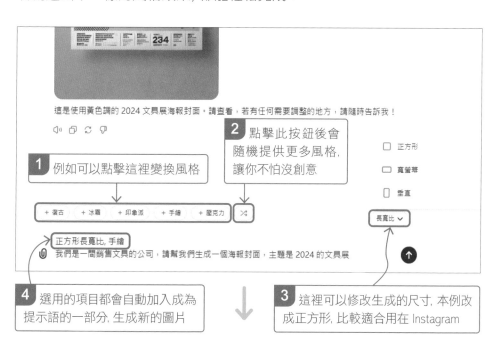

這是使用黃色調的 2024 文具展海報封面。請查看, 若有任何需要調整的地方, 請隨時告訴我！

1 例如可以點擊這裡變換風格

2 點擊此按鈕後會隨機提供更多風格, 讓你不怕沒創意

+ 復古　+ 冰霜　+ 印象派　+ 手繪　+ 壓克力　⤧

正方形長寬比, 手繪
我們是一間銷售文具的公司, 請幫我們生成一個海報封面, 主題是 2024 的文具展

☐ 正方形
▭ 寬螢幕
▯ 垂直

長寬比 ⌄

4 選用的項目都會自動加入成為提示語的一部分, 生成新的圖片

3 這裡可以修改生成的尺寸, 本例改成正方形, 比較適合用在 Instagram

正方形長寬比,手繪
我們是一間銷售文具的公司,請幫我們生成一個海報封面,主題是 2024 的文具展

這是手繪風格的正方形 2024 文具展海報封面。請查看,若需要任何修改或添加細節,隨時告訴我!

6 生成出不同風格了

印象派

這是印象派風格的正方形 2024 文具展海報封面。請查看,若需要任何修改或添加細節,隨時告訴我!

可以輕鬆變換各種文宣風格

DALL-E 提供的超便利圖片編輯功能

生成圖片後，DALL-E 機器人有一個非常強大的功能，就是可以**直接對生成的圖片進行編輯**，這個功能可以讓我們對目前所生成的圖片進行擴增、修改或移除不想要的物件，解決 AI 生出怪物件的問題。

首先，請先點擊 DALL-E 機器人生成出來的圖片，除了可放大檢視外，還可以進行圖片的編輯：

1 假設想編輯這張文宣海報，直接點擊它

這是印象派風格的正方形 2024 文具展海報封面。請查看，若需要任何修改或添加細節，隨時告訴我！

2 點擊這裡就可以開啟圖片編輯功能

附帶一提，點擊這裡可以檢視本張圖片是用什麼提示語繪製出來的（會以英文顯示）

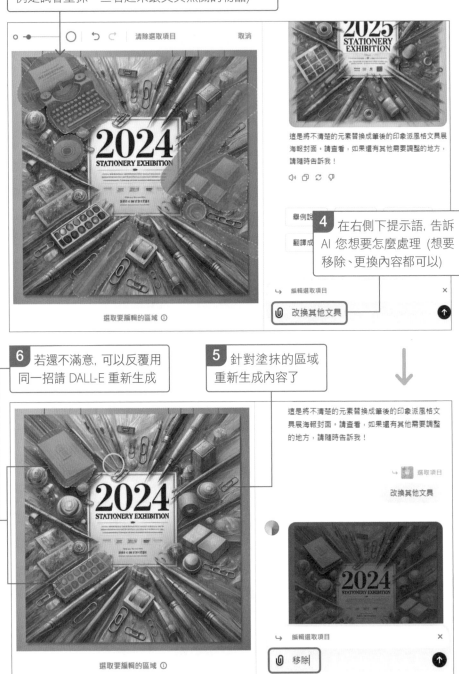

3 接著將用滑鼠塗抹任何您覺得奇怪的地方 (本例是試著塗抹一些看起來跟文具無關的物品)

這是將不清楚的元素替換成筆後的印象派風格文具展海報封面，請查看，如果還有其他需要調整的地方，請隨時告訴我！

4 在右側下提示語，告訴 AI 您想要怎麼處理 (想要移除、更換內容都可以)

改換其他文具

6 若還不滿意，可以反覆用同一招請 DALL-E 重新生成

5 針對塗抹的區域重新生成內容了

這是將不清楚的元素替換成筆後的印象派風格文具展海報封面。請查看，如果還有其他需要調整的地方，請隨時告訴我！

改換其他文具

移除

TIP 平心而論，若想利用上面介紹的這招請 AI 修飾圖片，建議原始圖片還是**單純一點**比較好。萬一圖片的內容物像本例一樣複雜，這樣的作業搞不好也會花上不少時間，但至少比嘗試自行修改有可行性多了。

☑ (二) 改用 Copilot 影像建立工具來生圖

使用 AI Copilot 影像建立工具

如讀者所看到的，前面所介紹的 ChatGPT 生圖技巧中，比較派得上用場應該還是呼叫 DALL-E 機器人來處理，只不過對免費版用戶者來說，可能要嘛無法用、要嘛動不動就超過使用上限。

若您對於付費升級到 ChatGPT Plus 版還是有點遲疑，其實微軟的 Copilot 聊天機器人也有提供文字生圖的功能。微軟也將此生圖功能獨立出來稱為 **Copilot 影像建立工具**，而且完全免費。更棒的是它所使用的生圖模型同樣是 DALL-E (v3.0)，圖片的精細度和準確度都不錯。

Copilot 影像建立工具初體驗

讀者可以連到 Copilot (https://copilot.microsoft.com) 聊天機器人網站用對話框來使用此工具，或者直接連到**影像建立工具** (https://copilot.microsoft.com/images/create) 都可以。這裡我們兩種方法都操作看看：

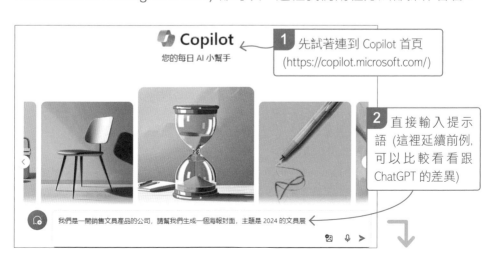

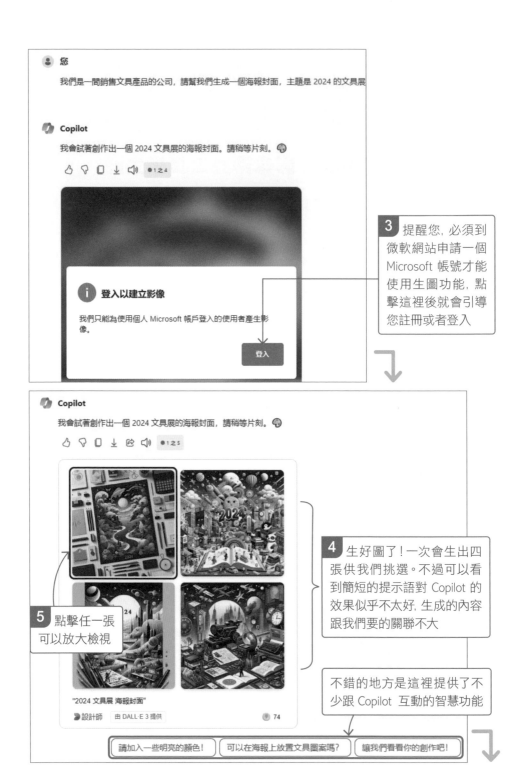

您

我們是一間銷售文具產品的公司，請幫我們生成一個海報封面，主題是 2024 的文具展

Copilot

我會試著創作出一個 2024 文具展的海報封面。請稍等片刻。

3 提醒您，必須到微軟網站申請一個 Microsoft 帳號才能使用生圖功能，點擊這裡後就會引導您註冊或者登入

ℹ 登入以建立影像

我們只能為使用個人 Microsoft 帳戶登入的使用者產生影像。

登入

Copilot

我會試著創作出一個 2024 文具展的海報封面，請稍等片刻。

4 生好圖了！一次會生出四張供我們挑選。不過可以看到簡短的提示語對 Copilot 的效果似乎不太好，生成的內容跟我們要的關聯不大

5 點擊任一張可以放大檢視

"2024 文具展 海報封面"
🎨設計師　由 DALL·E 3 提供　　　👁 74

不錯的地方是這裡提供了不少跟 Copilot 互動的智慧功能

請加入一些明亮的顏色！　可以在海報上放置文具圖案嗎？　讓我們看看你的創作吧！

在放大檢視的畫面中, 也提供分享、下載等選項

2024 文具展 海報封面

設計師 | 1024 × 1024.jpg | 15 分鐘前

分享　下載　意見反應

內容認證
使用 AI 產生 · 2024年6月22日 下午5:23

結果不如人意沒關係, 到 Copilot 網站生圖的好處是可以提出後續指示, 讓 AI 照你的意思繼續調整影像:

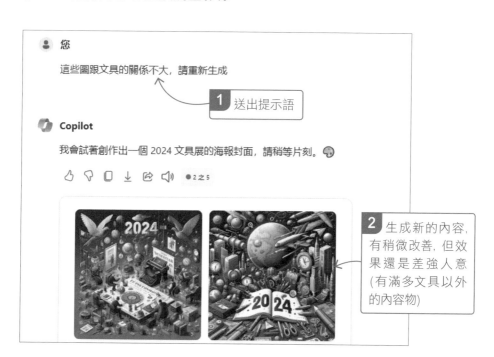

您

這些圖跟文具的關係不大, 請重新生成

1 送出提示語

Copilot

我會試著創作出一個 2024 文具展的海報封面, 請稍等片刻。🎨

● 2 之 5

2 生成新的內容, 有稍微改善, 但效果還是差強人意 (有滿多文具以外的內容物)

用 Copilot 生成契合需求的廣宣海報

讀者也看到了，目前生成的內容跟我們要的似乎有段差距，依筆者測試，不論是用中文或英文，「**過於簡短**」的提示語效果都不太好，但不要就此覺得它難用喔！只要提供明確一點的提示語給 Copilot，效果就會比較好：

> 多講一些細節
>
> 請幫我設計一張文具展海報，內容如下：
>
> 這個設計以簡約風格為基礎，突顯文具的創意和多樣性。選擇明亮的色彩，以表達文具的活力和靈感。在海報中，可以看到一位年輕的台灣女性辦公室職員，她正在書寫、繪畫或設計，展現了文具的多功能性。

這裡我們利用這段明確的提示語，改到 **Copilot 影像建立工具**的首頁 (https://copilot.microsoft.com/images/create) 去生成廣宣海報：

TIP 由於 Copilot 影像建立工具前身為 **Bing 生圖工具**，因此連到 https://www.bing.com/images/create 也可以開啟該首頁。

1 輸入完整一點的提示語

這是強化功能，可以加快生圖，點數用完後生圖速度就會變慢 (每生一次圖會扣 1 點)

點擊總獎勵點數可進入獎勵頁面賺取點數

2 按此生圖

跟剛才比起來，效果明顯好上許多

我們每一次的生圖記錄都會保留在這裡（無論是透過 Copilot 主網站或者影像建立工具都會一併記錄下來）

12-2 可商用的 AI 生圖工具 – Adobe Firefly

使用 AI ▶ Adobe Firefly

    Adobe Firefly 是 Adobe 公司開發的生成式 AI 工具，只要用簡單的文字描述，就能從無到有生成影像、以 AI 生成的內容填滿選取範圍，輕鬆製作社群貼文、海報…等廣宣素材！

    此外，值得一提的是，雖然市面上有不少 AI 生圖工具，但有些生圖 AI 在訓練模型時，使用了受著作權保護的影像，因此在商業使用上會有爭議，為了避免這些困擾，Adobe Firefly 強調是以獲得授權的影像來訓練模型，**生成後的影像也能用於商業用途**，這是它有別於其他生圖工具的最大優勢。

簡單認識 Adobe Firefly

Adobe Firefly 有提供 Web 版, 直接打開瀏覽器就可以使用, 也不用特別開啟 Photoshop 或 Illustrator, 輕輕鬆鬆就能用它的生圖功能完成職場上各種設計工作 (它也有提供 AI 修圖功能, 下一節會介紹), 本節會以示範 Adobe Firefly 網頁版為主。

> **TIP** **Adobe Firefly 網址: https://firefly.adobe.com/**
>
> 免費用戶每個月會有 25 點的積分, 如果是付費用戶 (月繳 NT$156 / 月, 年繳 NT$1,575 / 年), 每月則有 100 點積分可以使用。右表列出 Adobe Firefly 網頁版的計費方式供您參考:
>
> | Adobe Firefly 網頁版功能 | 耗費點數 |
> |---|---|
> | 以文字建立影像 | 1 |
> | 生成填色 | 1 |
> | 文字效果 | 有限期間內為 0 點 |
> | 生成式重新上色 | 1 |

> **TIP** Adobe Firefly 網頁版經常推陳出新釋出各種功能, 現階段有提供「以文字建立影像」、「生成填色」、「文字效果」、「生成式重新上色」…等, 計畫未來會推出更高解析度圖像、動畫、影片、3D 的生成式 AI 功能, 到時消耗的生成式點數可能會更多。

請先到 Adobe FireFly 網站 (**firefly.adobe.com**) 申請好帳號登入使用, 用多數人都有的 Google 帳號來註冊最快

☑ 用 AI 快速生成圖片

跟其他 AI 繪圖工具一樣, 只要輸入提示語就可以請 Firefly AI 生成圖片。我們可以在 Adobe Firefly 首頁看到不少提示語的範例, 基本上提示語的風格就是**愈仔細愈好**：

使用 Adobe Firefly 發揮創意

美麗舒適的夢幻石頭小屋位於春天的森林中, 旁邊是鵝卵石小徑和潺潺的小溪。石牆。遠處的群山。神奇的色調和感覺, 超現真。

簡單說就是把想要的場景描述出來

當然, 如果您沒什麼主意, 這個困難的第一步可以請 ChatGPT 等 AI 聊天機器人幫忙 (文字表達是 AI 的強項別忘了！)：

描述您的廣宣背景資訊　　　　　請 AI 聊天機器人幫忙生成提示語

我們是一家賣有機蔬菜的公司, 想要請 AI 生成**在 FB PO 搭配用的產品示意圖**, 請**仿製以下提示詞**提供給我 5 個建議：

「美麗舒適的夢幻石頭小屋位於春天的森林中, 旁邊是鵝卵石小徑和潺潺的小溪。石牆。遠處的群山。神奇的色調和感覺, 超現實。」

附上 Adobe Firefly 官網所 demo 的提示語

AI 輕鬆幫我們生成好提示語, 有了範本要改就快了, 接著可自行修改文字, 改成符合您PO文要搭配的產品圖情境

 記憶已更新

以下是五個產品示意圖的提示詞建議：

1. 有機農場的豐收：

「在陽光燦爛的夏日早晨, 有機蔬菜豐收的田野中, 綠油油的菜葉在微風中輕輕搖曳。農夫們正忙碌地收割新鮮的蔬菜, 旁邊是整齊排列的蔬菜籃, 滿載著紅蘿蔔、番茄、菠菜等五顏六色的有機蔬菜。」

提示語都請 AI 生成，不用自己想老半天！

2. 鄉村市場的活力：

　　「在熱鬧的鄉村市場中，攤位上擺滿了新鮮的有機蔬菜和水果。五顏六色的蔬菜如綠色的菠菜、紅色的番茄、橙色的胡蘿蔔，吸引著過往的顧客。市場的背景是古老的鄉村建築，帶著濃厚的歷史氣息。」

3. 有機蔬菜的餐桌藝術：

　　「在溫馨的家庭餐桌上，各種新鮮的有機蔬菜被精心擺盤，形成一幅美麗的藝術品。色彩繽紛的蔬菜搭配優雅的擺盤，展出健康、美味與美學的完美結合。背景是明亮的廚房，充滿了家的溫暖。」

4. 都市花園的自然奇蹟：

　　「在繁華都市的一角，有一個隱秘的有機蔬菜花園。各種新鮮的有機蔬菜在綠意盎然的花園中茁壯成長，形成一個城市中的自然奇蹟。背景是現代化的都市建築，與花園形成強烈的對比，展現出自然與城市的和諧共生。」

完成提示語後，接著就直接提供給 Adobe Firefly 生圖：

1 回到 Firefly 網站貼上提示語

2 點擊**產生**鍵

左側會提供圖像工具列 (稍後介紹)

3 生成了四張產品示意圖

4 如果有喜歡的生成圖, 點一下

左上角是圖像編輯區 (稍後介紹)

下載圖片

分享連結等功能

點一下會存到「最愛」區
(在 Firefly 首頁可以切換
檢視這些圖片)

☑ 善用「圖像工具列」的設定為生成影像增色

　　剛才在生成的 4 張圖旁邊有看到**圖像工具列**, 簡單說這裡是在您生成圖片前, 提供一些設計好的提示語讓您可以選擇 (例如希望取景的角度要怎麼拍、希望廣角一點還是望遠一點、有沒有什麼照片的構圖可以參考…等), 簡單說明如下:

> **TIP** 先提醒讀者, 圖像工具列的所有的設定都必須重新點擊**產生**鈕後才會生效, 無法套用在已經生成的影像上, 因此如果有喜歡的影像, 建議先下載回電腦中保存。

使用的模型, 選最新的就對了

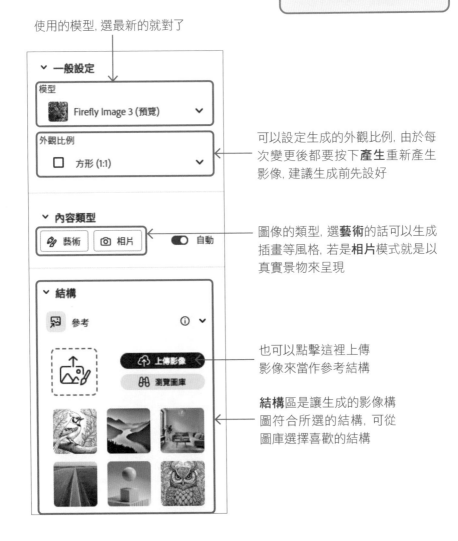

可以設定生成的外觀比例, 由於每次變更後都要按下**產生**重新產生影像, 建議生成前先設好

圖像的類型, 選**藝術**的話可以生成插畫等風格, 若是**相片**模式就是以真實景物來呈現

也可以點擊這裡上傳影像來當作參考結構

結構區是讓生成的影像構圖符合所選的結構, 可從圖庫選擇喜歡的結構

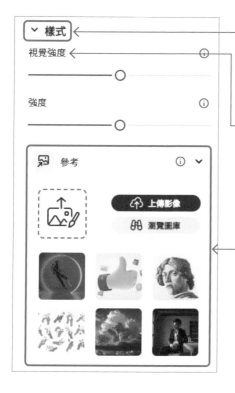

接著來看**樣式**區

若前一頁圖中選的是**相片**內容類型,將視覺強度滑桿往左拖曳,影像效果會更為逼真,愈往右則愈超現實。若選的是**藝術**內容類型,往左會是插圖風格,往右會呈現數位藝術風格

也可在這裡選擇 3D、水彩、鉛筆⋯等風格

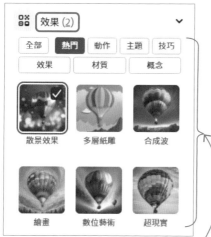

效果區則提供多種不同的特效,讓生成的影像接近所選的效果

其餘的就是一些圖片細節設定,選項都很好理解

當您選擇圖像工具列的各種選項後，都會列為提示語的一部分，再一次生成時就會參考它們來生成影像：

本例加入了這些設定來重新生成影像

重新生成的新影像

☑ 生成完影像的後續作業

在每一次的影像生成作業中，Adobe Firefly 都會生成 4 張影像供我們，如果當中有中意的，也可以用它做為基底，看是要生成類似風格的影像做為素材，還是要進一步編輯為完整的文宣內容都可以：

點擊每一張影像左上角的**編輯**鈕

這一項是 AI 修圖功能, 非常適合美術小白使用, 讓你輕鬆成為 P 圖大師, 我們留待下一章專門介紹

以目前看到的這一張作為參考, 生成類似風格的其他 3 張影像

點擊這一項會開啟 Adobe 另一個線上設計工具 Adobe Express 讓我們繼續根據影像做編輯, 生成各種文宣品

職場生產力 UP

本章我們把焦點放在 Firefly 的 AI 生圖功能就好, 後續的影像應用讀者可再自行研究。Adobe Express 是 Adobe 公司開發的線上設計工具, 提供各種圖形設計及多媒體內容, 從初學者到有經驗的設計師都能快速上手。只要套用它提供的 Facebook、Instagram 限動範本, 就可以快速製作出社群媒體圖片 / 影片、傳單、海報、⋯等:

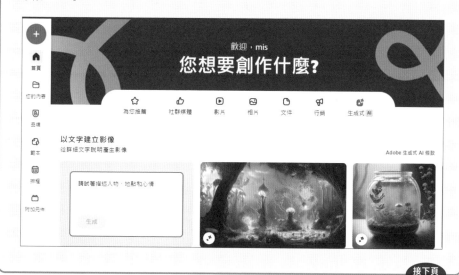

接下頁

Adobe Express 是製作文宣品的最佳利器，它也引進了 Firefly 模型，除了本節介紹的「以文字建立影像」功能外，我們下一章的「修圖 AI」章節還會帶到一些 Adobe Express 所使用的生成式 AI 功能，熟悉下一章的生成功能後，再回頭用 Adobe Express 就沒什麼大問題了。

若對 Adobe Express 工具有興趣，也可以參考旗標出版的「**Adobe Firefly 設計魔法師：Photoshop X Illustrator X Adobe Express 生成式 AI 全攻略**」一書。

12-3 缺中意的設計素材 (icon、插圖…)？用 AI 快速生成！

使用 AI ▶ Recraft AI

不管是設計、或撰寫報告時很常會用到一些小 icon 圖示，雖然網路上很容易找到各種現成 icon，但不見得會 100% 滿足您的需要。此時要嘛費時繼續搜尋，真找不到符合需要的就做客製化設計。把這些時間通通省下來吧，用 AI 就可以快速生成這些小 icon 喔！

在企劃、簡報上加入符合情境的 icon 也是門學問，找不到中意的 icon 時，用 AI 來生成最快！

本節要介紹 **Recraft** 這個 AI 生圖工具, 相較於其他工具, 它有個優點是生成後可以將圖片輸出成 **SVG 格式的向量圖**, 如此一來圖片的編輯彈性就非常大了, 例如放大後不會呈現鋸齒狀、圖片跟文字都可編輯複製…等, 對設計工作者來說可是一大福音!

Recraft 官網 → https://www.recraft.ai/

☑ 用 Recraft AI 迅速生圖

首先進入Recraft 官網 (https://www.recraft.ai/), 如下操作就可以完成生圖作業:

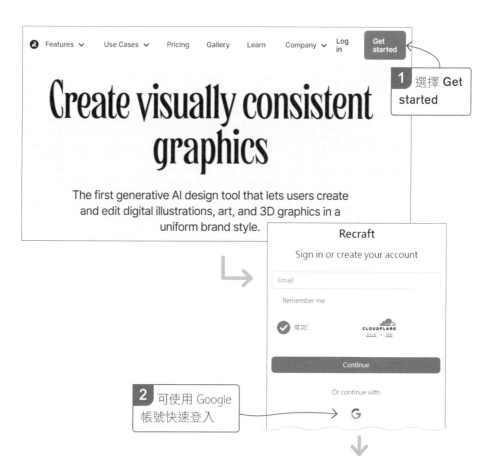

3 點擊左上角的 **Create new project** 建立新專案

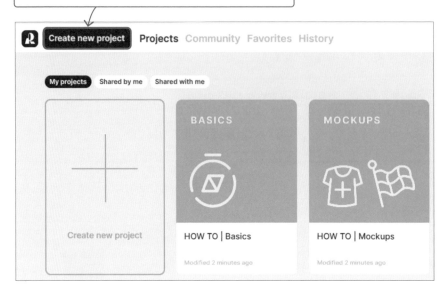

建立專案後，由於
Recraft 最大的特色就是
可以生成向量圖，這邊就
以向量圖做示範：

點擊此項，建立向量圖
(Vector image)

底下以「**替企業合作案的企劃封面設計一個客製化 icon**」為例來示
範：

Design a handshake icon with majestic mountains in the
background for me.

請注意，餵給 Recraft AI 的提示語必須使
用英文，可利用 ChatGPT 協助翻譯 (本例：
幫我設計握手的 icon，背後有壯闊的山)

1 輸入英譯後的提示語

可選擇想要的 icon 配色

這裡可以選擇圖片比例, 若是 icon 一般是 1:1, 維持預設值 即可在向量圖選項裡, 有2

2 點擊這裡進行生成

3 每生成一次會提供多個選項, 直接點擊中意的即可

以往要費時繪製的 SVG 向量圖, 用 AI 三兩下輕鬆取得!

4 最後直接在圖片上方點擊右鍵, 點擊 **Export as**, 能下載多種圖檔格式, 其中就包含 SVG 向量圖

13

CHAPTER

修圖 AI

一秒消除雜物、合成背景，
輕鬆成為 P 圖大師

隨著 **AI 修圖技術**的出現，影像編輯工作變得輕鬆許多，以往設計人員需要在 Photoshop 上花費大量精力進行繁瑣的操作，現在有了 AI 修圖工具三兩下就可完成修圖。甚至是職場上完全不懂設計的門外漢，當有急用的修圖需求、而設計部門同事忙不過來時，也可以自己動手完成，非常方便。

13-1 用 AI 一秒消除影像上的雜物

使用 AI ▶ Adobe Firefly (生成填色功能)

可以修圖的 AI 工具不少，考量到上手難易程度，我們推薦用前一章 **Adobe Firefly** (http://firefly.adobe.com) 提供的 AI 功能來進行修圖：

◀ 假設想用這張照片做產品衍生設計，但左下跟右下有一些不相關的物品…
(註：本示範照片是以 Adobe Firefly 所生成)

來看看如何快速消除影像中的雜物吧！

1 首先到 Adobe FireFly 網站免費申請好帳號登入使用，並熟悉基本環境

2 點擊**生成填色**這一項

3 點擊此鈕挑選要修的圖片，或是直接將圖片拖曳到此處也可以

若對**生成填色**功能還沒什麼概念，可將滑鼠指標移到這些縮圖上，會以動畫展示功能

4 因為是要移除物件, 請點擊**移除**

5 此時畫面會出現筆刷指標

6 確認這裡已點擊**新增** (意思是新增選取範圍)

若為**減去**, 表示擦除選取範圍

本例我們是想去除左右兩側的雜物

8 點擊**移除**

塗抹時, 可隨時點擊這裡調整筆刷大小

7 在想要清除的地方以筆刷塗抹

雜物被移除了, 同時生成自然的地面

10 點擊**下載**鈕, 將影像儲存到電腦中, 這樣就輕鬆用 AI 修好圖了

可以點選縮圖挑選滿意的影像

若都沒有滿意的, 可按下**更多**, 繼續生成其他影像

9 按下**保留**鈕, 可儲存目前的畫面, 繼續進行其他處理

13-2 用 AI 幫影像一秒去背並更換背景

使用AI ▶ Adobe Firefly (生成填色功能)

　　替影像**去背**一直是門學問, 坊間甚至還有書籍專講去背的技巧, 不過在 AI 日漸普及的當下, 去背這項作業已經可以大大省下工夫。前一節所介紹的 Adobe Firefly 中就提供令人讚嘆的去背功能, 可幫我們快速替影像主體去背, 甚至還可以**生成不同的背景**來更換。

3 首先到 Adobe FireFly 網站免費申請好帳號登入使用, 並熟悉基本環境

2 點擊**生成填色**這一項

3 點擊此鈕挑選影像, 或是直接將要處理的影像拖曳到此處

4 影像上傳完畢後，
直接點擊**選取背景**

5 立即去背完成

6 去背的目的通常是合成到其他
背景，這部分 Firefly 的 AI 直接幫
你完成，先確認這裡已點擊**插入**，
我們準備請 AI 幫我們生成背景

7 輸入您想要產品
置於什麼樣的場景

8 按下**產生**開
始生成背景

11 當然別忘了**下載**回來保存

9 點選縮圖檢視畫面,挑選喜歡的影像

10 喜歡的就點擊**保留**此畫面

如果都不滿意就點擊這裡生成其他內容
(提醒:凡是生成都會扣除生成點數)

▲ 想要什麼樣背景, AI 輕鬆幫你更換!

職場生產力 UP

再次提醒, 很多時候難就難在**不知道該輸入什麼樣的提示語給 AI**, 本例如果對於要生成的背景一時沒想法, 可以 Google 觀摩一些廣告來激發靈感:

f Facebook
熙田廣告股份有限公司| Ta...

v Vimeo
商品微廣告】芙奇茶苑仲夏水果茶on Vi...

有參考畫面後要描述提示語就簡單多了 (例如右圖提供的靈感是「木紋桌上, 背景是碧綠的樹木」)

當然, 也可以請 ChatGPT 等聊天機器人幫忙, 附上圖片並輸入需求

→ 我有一張產品圖, 想要請 AI 生成背景, 請推薦我10個背景提示語

以下是10個建議的背景提示語, 可以用來為你的產品圖生成背景:

1. "陽光明媚的果園, 背景有綠樹和藍天"

2. "木質鄉村風格的桌子, 背景是鄉村景色"

3. "現代廚房, 明亮且風格時尚的裝飾"

4. "溫馨的農家廚房, 有木製的架子和廚具"

5. "優雅的餐桌, 簡約的設置"

6. "花園裡開滿鮮花和綠色植被"

請最不怕沒靈感的 AI 聊天機器人幫我們自動生成提示語想法

13-3 用 AI 隨心所欲調整圖片尺寸

使用 AI Adobe Firefly (生成擴張功能)

在設計工作中, 經常需要根據不同需求**調整圖片尺寸**, 例如製作廣告素材就經常需要調整圖片比例來適配不同的廣告位 (橫幅廣告圖、方正的社群廣告圖…等)。以往最無奈的情況無非是：當某圖片已經設計完成, 突然被要求將 4:3 的比例轉換為 16:9 或其他特殊尺寸, 此時若強行調整比例, 要嘛畫面會被栽切、要嘛出現空白區域, 得再費心思考該如何處理。

以上困擾用 AI 就可輕鬆解決囉！前兩節所介紹的 Adobe Firefly 提供了稱為**生成擴張**的功能, 正是針對這類需求所設計的。此 AI 功能可以讓我們隨意調整影像的尺寸, 凡有像素不夠的部份都會自動生成內容來填補, 填補後的結果也很自然、平順喔！

1 首先到 Adobe FireFly 網站免費申請好帳號登入使用, 並熟悉基本環境

2 點擊**生成填色**這一項

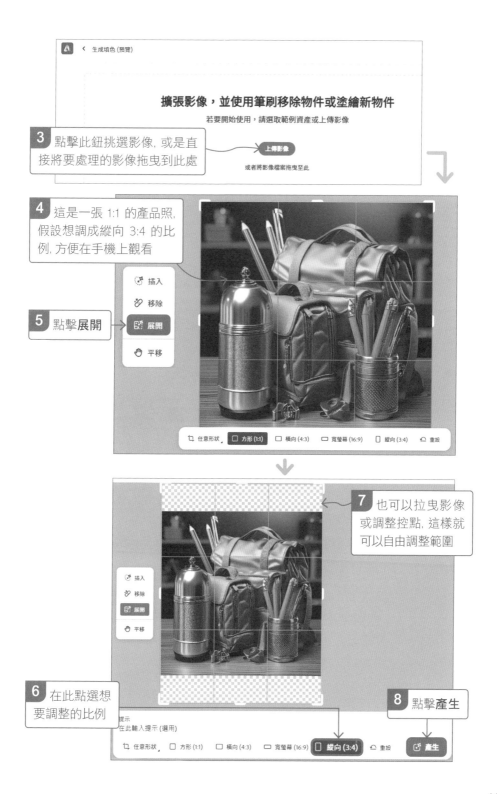

擴張影像，並使用筆刷移除物件或塗繪新物件

若要開始使用，請選取範例資產或上傳影像

3 點擊此鈕挑選影像，或是直接將要處理的影像拖曳到此處

上傳影像

或者將影像檔案拖曳至此

4 這是一張 1:1 的產品照，假設想調成縱向 3:4 的比例，方便在手機上觀看

插入
移除
展開
平移

5 點擊**展開**

任意形狀　方形 (1:1)　橫向 (4:3)　寬螢幕 (16:9)　縱向 (3:4)　重設

7 也可以拉曳影像或調整控點，這樣就可以自由調整範圍

插入
移除
展開
平移

6 在此點選想要調整的比例

提示
在此輸入提示 (選用)

任意形狀　方形 (1:1)　橫向 (4:3)　寬螢幕 (16:9)　縱向 (3:4)　重設

8 點擊**產生**

產生

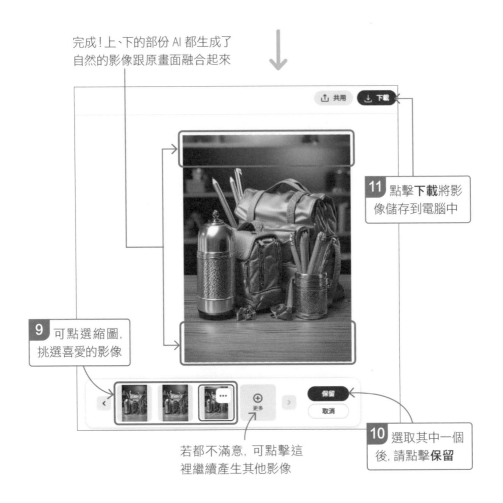

完成！上、下的部份 AI 都生成了
自然的影像跟原畫面融合起來

共用　下載

11 點擊**下載**將影
像儲存到電腦中

9 可點選縮圖,
挑選喜愛的影像

保留
取消

10 選取其中一個
後, 請點擊**保留**

若都不滿意, 可點擊這
裡繼續產生其他影像

　　總結來說, 用 AI 來修圖已經徹底改變了以往的影像編修方式, 本章所
示範的**消除雜物**、**去背更換背景**, 還是**調整圖片尺寸**, 這些過去需要大量時
間來操作才能完成的工作, 現在都能用 AI 工具輕鬆搞定。無論你是設計新
手還是職場老手, 善用強大的 AI 工具絕對能幫你大幅提升生產力, 趕快動
手試試, 讓 AI 成為你的最佳助手吧!

14

CHAPTER

寫文案、SEO 行銷 AI

文案、新聞稿、埋關鍵字、
網頁體檢…通通請 AI 操刀！

社群小編們為了**寫文章**、**找產品關鍵字**，往往需要花大量的時間吸收新聞，還要努力跟風時事梗，才可以確保貼文的品質跟產量；發文之後還需要持續追蹤跟分析，實在很費時。AI 正是文字表達方面的能手，好好善加利用絕對能省下大把時間！

除了撰寫各種文章、文案外，AI 也可以幫助處理 **SEO 網站行銷**的工作，從選擇關鍵字、撰寫符合 SEO 規範的內容，到網站結構的優化…等，AI 都能提供全方位的支援，協助提升網站在搜尋引擎上的排名，達到更好的行銷效果。

TIP SEO (Search Engine Optimization) 的目的是透過了解搜尋引擎的運作規則來調整網站，以提高目的網站在搜尋引擎內的排名，寫文案、做網站行銷一定會涉及 SEO 的操作。

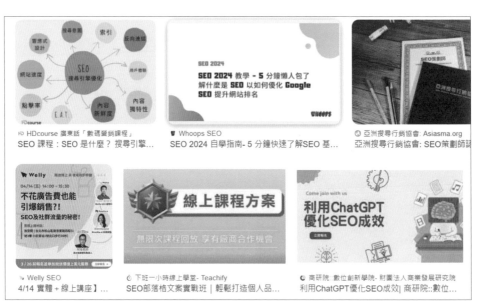

▲ 坊間的文案寫作、SEO 相關課程多的不得了，先別急著花錢，跟著本章學幾招免費又好用的 AI 輔助技巧吧！

14-1 寫出的文案太枯燥？請 AI 協助撰寫吸睛的文案

使用 AI AI 聊天機器人 (ChatGPT、Copilot、Gemini…都可以)

　　產品行銷文案的目的在於吸引顧客、促進銷售，而最擅長文字表達的當然是 ChatGPT、Copilot…等 AI 聊天機器人了。但可不能瞎問一通，想要 AI 幫忙撰寫出吸引人的行銷文案，餵入對的提示語 (prompt) 非常重要。下提示語時，不妨從以下幾個方向著手，本節也會以這些為例示範如何請 AI 幫忙寫文案：

- **尋找高點擊率的主題**：高點擊率的題材通常能增加流量，有助於達到商業目標。

- **尋找關鍵字**：標題或內文若包含關鍵字，可以提高文案的搜尋引擎排名，讓更多潛在顧客能夠找到您的產品。找到之後，巧妙地將這些關鍵字融入文案中，就可提高曝光率和點擊率。

- **建立文案的性質與風格**：不同平台適合不同的文案風格，必須視情況調整文案風格。

　　此外，本節在請 AI 從上述角度撰寫文案時，都會額外在提示語加入 SEO 的關鍵字眼，簡單說就是請 AI 扮演 SEO 操作者的角色，幫我們撰寫出**消費者喜歡、搜尋引擎也喜歡**的行銷文案。

☑ 請 AI 擬定吸睛的文案標題

撰寫產品文案時, 擬一個吸引人的標題 (主旨) 非常重要, 原因很簡單, **很多人是不看內文的!** 標題往往直接影響到在網路上的能見度和參與度。若在推廣自家產品時, 不太確定從什麼角度取出吸睛的標題, 可以請 AI 幫你構思, 不用一個人想破頭:

你是一名精通行銷與 SEO 的文案撰寫人員, 請使用台灣用語, 針對 ☐☐☐☐ 提供 10 個高點擊率的主題範例。目標受眾是 ☐☐☐☐。

輸入產品名稱、主題

描述受眾的特色, 如年齡、職業、性別、行為模式等

你是一名精通行銷與 SEO 的文案撰寫人員, 請使用台灣用語, 針對睡眠偵測手環提供 10 個高點擊率的主題範例。目標受眾是 20~40 歲的上班族, 工作性質較為緊湊且高壓。

提示語範例

當然可以! 以下是針對20~40歲上班族, 特別是那些工作緊湊且高壓的族群設計的睡眠偵測手環高點擊率主題範例:

1. 「掌握你的睡眠品質:睡眠偵測手環助你提升工作效率」
2. 「高壓上班族的救星:如何使用睡眠偵測手環改善睡眠?」
3. 「加班熬夜也不怕!睡眠偵測手環幫你迅速恢復精力」
4. 「從此告別疲倦!睡眠偵測手環的五大功能大解析」
5. 「忙碌上班族必備:睡眠偵測手環讓你每晚睡得好」
6. 「讓工作不再拖垮你的健康:選擇最適合的睡眠偵測手環」
7. 「快速入睡的小祕密:睡眠偵測手環的實用指南」
8. 「精準掌握你的作息:睡眠偵測手環的詳細使用心得」
9. 「上班族必備神器:如何挑選最適合你的睡眠偵測手環」

AI 輕鬆撰寫出適合的文章標題, 可從中挑選適合的來用

也可以模擬 Youtuber 影片常見的手法, 請 AI 加上**量化**的數字, 讓標題更明確、更吸睛:

加上一些數字，增加說服力

當然可以！以下是增加數字後的睡眠偵測手環高點擊率主題範例：

1. 「掌握你的睡眠品質：睡眠偵測手環助你提升30%工作效率」
2. 「高壓上班族的救星：如何使用睡眠偵測手環改善80%的睡眠？」
3. 「加班熬夜也不怕！睡眠偵測手環幫你迅速恢復100%精力」
4. 「從此告別疲倦！睡眠偵測手環的5大功能大解析」
5. 「忙碌上班族必備：睡眠偵測手環讓你每晚多睡2小時」
6. 「讓工作不再拖垮你的健康：選擇最適合的睡眠偵測手環，提升50%睡眠品質」
7. 「快速入睡的小祕密：睡眠偵測手環的實用指南，讓你入睡時間減少30%」
8. 「精準掌握你的作息：睡眠偵測手環的詳細使用心得，提升70%睡眠效率」

有數字的標題看起來更有說服力

有了標題後，文案就可以從該標題的角度去切入撰寫了，若要請 AI 撰寫文案，當您選定 AI 擬的標題後，可再將該標題加入提示語中，繼續提供 AI 參考。

☑ 請 AI 找出適合的「關鍵字」埋入標題或內文中

在標題或內文中埋入**關鍵字**也很重要，這樣可以讓消費者更容易在搜尋引擎裡找到你寫的文章。但發想出關鍵字可不件容易的事，您所以為的關鍵字不見得是消費者關心的關鍵字，此時可以請 AI 幫忙發想，整理出來後，再請 AI 把關鍵字埋入標題或內文中。

請 AI 發想產品關鍵字

你是一名精通行銷與 SEO 的文案撰寫人員，請使用台灣用語，提供 15 個跟 □□□□ 有關的關鍵字 (keywords)。

填入主題、產品…等

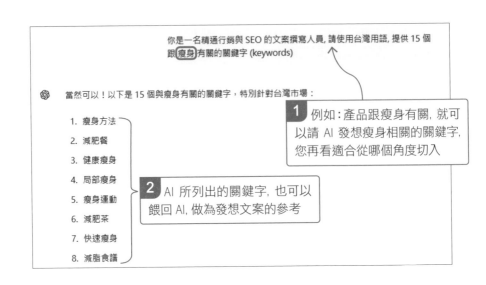

你是一名精通行銷與 SEO 的文案撰寫人員, 請使用台灣用語, 提供 15 個跟 瘦身 有關的關鍵字 (keywords)

當然可以！以下是 15 個與瘦身有關的關鍵字, 特別針對台灣市場：

1. 瘦身方法
2. 減肥餐
3. 健康瘦身
4. 局部瘦身
5. 瘦身運動
6. 減肥茶
7. 快速瘦身
8. 減脂食譜

1 例如：產品跟瘦身有關, 就可以請 AI 發想瘦身相關的關鍵字, 您再看適合從哪個角度切入

2 AI 所列出的關鍵字, 也可以餵回 AI, 做為發想文案的參考

請 AI 找出消費者在意的重點

擬關鍵字時, 滿重要的一招是從**消費者的角度**來思考, 可以請 AI 依照消費者對於特定產品所注重的因素, 快速找出消費者心中的關鍵字, 這可以大大省下做客戶訪談或意見調查的時間：

你是一名精通行銷與 SEO 的文案撰寫人員, 請使用台灣用語, 提供15個消費者在意的跟 □□□□ 有關的產品關鍵字 (keywords)。

產品名稱

你是一名精通行銷與 SEO 的文案撰寫人員, 請使用台灣用語, 提供15個消費者在意的跟 車用手機架 有關的產品關鍵字 (keywords)

當然可以！以下是 15 個與車用手機架有關的消費者關鍵字, 特別針對台灣市場：

1. 車用手機架推薦
2. 車用手機架安裝
3. 強力吸盤手機架
4. 出風口手機架
5. 無線充電手機架
6. 車載手機支架
7. 車內導航手機架

以這個產品範例來說, AI 幫我們發想出手機架吸盤是否牢靠, 旋轉角度如何… 都是消費者可能在意的點, 文案就可以朝這些方向來發揮

☑ 請 AI 擬定不同風格的文案

　　文案的寫作風格也很重要,不同情境適合不同的風格,在請 AI 撰寫文案時,需要讓 AI 了解文案的用途跟性質,以下是幾種常見的文案種類範例:

請 AI 撰寫 FB PO 文

　　社群網站的文案需要具有互動感,通常比較輕鬆、幽默,並且要能迅速吸引讀者的注意。我們可以基於以下社群文案的重點,提供提示語給 AI 撰寫文案:

- 使用非正式、口語的語氣,創造親切的品牌形象。

- 多用時事梗或是故事來引起讀者共鳴。

- 鼓勵讀者參與互動,如留言、分享或報名活動等。

　　例如以下是請 AI 撰寫 **FB PO 文**的範例:

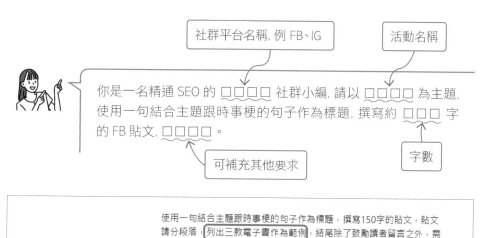

你是一名精通 SEO 的 □□□□ 社群小編, 請以 □□□□ 為主題, 使用一句結合主題跟時事梗的句子作為標題, 撰寫約 □□□ 字的 FB 貼文, □□□□。

社群平台名稱, 例 FB、IG

活動名稱

可補充其他要求

字數

使用一句結合主題跟時事梗的句子作為標題,撰寫150字的貼文,貼文請分段落,列出三款電子書作為範例,結尾除了鼓勵讀者留言之外,需有一個小bonus讓讀者參與。

 標題:暑假必備好物!電子書閱讀器讓你涼爽閱讀! 📚 ⚙

1 例:請 AI 撰寫一篇「調查大家想了解的電子書閱讀器」的社群 PO 文

暑假即將來臨，在這炎炎夏日，手持一款好用的電子書閱讀器，絕對是居家休閒或旅行必備的利器。但市面上有這麼多選擇，究竟哪一款才是你的最愛呢？我們希望通過這次的「電子書閱讀器評測教學許願」，了解大家最想要了解哪款閱讀器的細節，提供更精確、更有價值的評測內容，幫助你選擇最佳的閱讀伴侶。

以下是三款熱門電子書閱讀器，供大家參考：

1. Kindle Paperwhite - 擁有高解析度顯示螢幕和防水功能，讓你無論在家還是泳池邊都能盡情閱讀。

2. Kobo Libra H2O - 獨特的人體工學設計與防水性能，閱讀起來更加舒適自在。

3. Sony Digital Paper - 超輕薄設計與大螢幕，特別適合閱讀和標註文件。

現在，請在留言區告訴我們你最想了解哪款電子書閱讀器的詳盡評測！✨每位留言的朋友都有機會參加抽獎，贏取我們準備的小禮物哦！快來參與吧！🎁

2 以有互動性的風格呈現，大致的樣貌 AI 都幫我們寫好了

請 AI 撰寫電子報文案

電子報的文案特色在於其針對性強，也需要一個吸引人的標題，提供目標受眾感興趣的資訊，此時也應該要有清楚的**行動呼籲**，鼓勵讀者採取下單、進一步逛逛等特定行動。由此看來，給 AI 的提示語重點可包括以下幾項：

1. 一個吸睛的**標題**讓讀者點開電子報。

2. 善用標題和小標題。

3. 明確告訴讀者希望他們採取什麼行動，像是訪問網站、購買產品、參加活動。

4. 避免過長或複雜的文句，讓文案簡潔易讀。

上面重點可集結成以下提示語：

你是一名精通 **SEO 的電子報撰寫高手**，需要寫一篇告知讀者有 □□□□ 的電子報，目標受眾是 □□□□，要讓會員 □□□□，使用一個簡短但吸引人的標題，讓開信率最大化。文字有趣簡潔，且善用標題段落。

> 某活動名稱

> 鎖定的族群

> 希望採取的行動

✎ 你是一名精通SEO的電子報撰稿高手，需要寫一篇告知會員有 [當月生日會員消費滿千送百] 的電子報

目標受眾是[30-50歲白領上班族]，要讓會員[在3C商品區消費達一千元]。使用一個簡短但吸引人的標題，讓開信率最大化。文字有趣簡潔，且善用標題段落。

1 寫一篇當月壽星優惠的電子報

2 AI 已經擬好清楚的架構，再修飾一下就可以用了

親愛的會員，

生日快樂！我們知道您的生日月對您來說特別重要，為了讓這個月更加難忘，我們準備了一個專屬優惠活動，送上我們最誠摯的祝福！

專屬生日優惠：消費滿千送百！

活動期間：即日起至本月底
活動範圍：3C商品區（手機、筆電、配件等）

如何參加？

1. 生日當月，在我們的3C商品區消費滿千元。

2. 自動獲得100元的購物金回饋！

優惠亮點

- **豐富選擇**：最新手機、筆電、智慧家電等您挑選。

- **超值回饋**：享受購物樂趣的同時，還能獲得額外回饋。

- **生日驚喜**：讓您的生日月充滿科技樂趣與驚喜。

不要錯過！

這是您在生日月獲得的專屬特權，快來挑選心儀的3C產品吧！記得，消費滿千元即可輕鬆享受100元回饋。

如果您有任何疑問，歡迎隨時聯繫我們的客服團隊。祝您生日快樂，購物愉快！

14-2 不用費心擬提示語，跟 AI 輕鬆互動完成 SEO 行銷新聞稿

使用 AI SEO 行銷文案、新聞稿撰寫機器人 (GPT 機器人)

前一節看到請 AI 做事時，擬好妥適提示語 (prompt) 的重要。若想把擬提示語的工夫省下來，在 ChatGPT 的 GPT 商店中就有不少精心設計的 **SEO 文案機器人**，可以協助我們快速撰寫出優秀的文案或產品新聞稿。更棒的是，滿多 AI 機器人是以互動方式來操作，只要用白話文溝通、提供需求，AI 就可以快速自動生成優質內容，還能根據搜尋引擎的規則來調整文字，讓文案內容更容易被找到。本節就介紹如何利用這些聰明的 SEO 機器人，輕鬆寫出吸引人的**行銷新聞稿**。

請先參考附錄 A-2 節的說明，熟悉GPT 商店的使用方法。接著在 GPT 商店中找到此AI 機器人

此 AI 機器人會用對話的方式一步步引導您生成產品新聞稿，我們來示範**針對公司既有的產品生成對外發布的正式新聞稿內容**：

1 以對話方式一一回答 AI 機器人的提問

啟動寫作模式

1. 請問今天要為哪一間店家撰寫文案？（請填入店家名稱）

旗標科技

2. 請提供今天要撰寫的文案關鍵字，包含一組主關鍵字及一組副關鍵字。

主關鍵字：python
副關鍵字：python 超入門

3. 請問今天要撰寫的文案是否有額外的參考資料或其他指示？

https://www.books.com.tw/products/0010962405

2 如果有一些參考的單品網頁, 可以餵給 AI 做檢索

AI 收到資料後就會開始撰寫：

已搜尋 1 個網站

了解了店家名稱和關鍵字，並且有了參考資料後，我將開始撰寫針對旗標科技的新聞稿。

【旗標科技】Python學習的最佳夥伴——從零開始的「Python超入門」

（圖片由旗標科技提供）

新聞稿的開頭

當談到程式設計語言時，Python 以其簡潔的語法和強大的擴充性，成為了現今最受歡迎的選擇之一。今天的Python專題要為您介紹的旗標科技推出的新書「世界第一簡單的 Python『超』入門」，這本書特別針對零基礎學習者，並搭配時下最火熱的ChatGPT助教，讓學習變得更加輕鬆有趣。如果您想更深入了解Python，那就絕對不能錯過今天的Python專題。

旗標科技的這本書不僅適合零基礎學習者，也非常適合曾經在學習程式設計中遇到困難的人。作者鎌田正浩是資深的軟體工程師，擁有豐富的實戰經驗，他以簡單明了的語言和貼心的設計，讓每個人都能輕鬆學會Python。譯者夏萱的精彩翻譯，讓這本書更加適合台灣讀者的閱讀習慣。

在學習Python的過程中，擁有一本好的入門書是至關重要的。「世界第一簡單的 Python『超』入門」正是這樣的一本書，它將成為您的最佳學習夥伴，帶您從零開始，逐步掌握Python程式設計的精髓。如果您正在尋找一本能夠真正讓您上手的Python書籍，那請務必選擇Python的「世界第一簡單的 Python『超』入門」。

旗標科技深知學習程式設計的挑戰，因此我們特別推薦這本Python超入門書籍，讓您在最短的時間內，掌握最實用的技能，開啟程式設計的新世界。若您現在就想開始學習，請立即前往博客來網站了解更多詳細信息。

更多資訊請洽以下連結：
店家品牌名：旗標科技
店家地址：台北市中正區
聯絡電話：02-1234-5678
營業時間：週一至週五 9:00～18:00，週六日休息
網站：旗標科技官方網站

> 稿子最後的格式也擬定妥當，輕鬆幫我們把單品網頁轉換成有模有樣的新聞稿

14-3 利用 AI 工具優化既有網頁內容

使用 AI ▶ Search Intent Optimization Tools (GPT 機器人)

　　前兩節所介紹的 SEO + AI 技巧主要偏向於寫文案和找關鍵字方面，文案的確有助於提升產品頁的能見度，不過在操作 SEO 時，**改善既有的網頁內容**同樣至關重要。優化現有內容不僅能提升搜尋引擎的排名，還能提高用戶體驗和留存率，這一節就介紹如何利用 AI 工具來進行這些優化工作。

☑ 例：用 AI 改善網頁使用者體驗

AI 可以幫我們做哪方面的網頁優化工作呢？例如，我們可以利用 AI **進行網頁內容的分析**，看網頁內容是否存在問題，如關鍵字堆砌過多、內容是否冗長 / 不足…等，之後我們再進行調整，使內容更具吸引力。又或者，AI 可以協助**生成網頁優化建議**，例如增加多媒體元素 (如圖片、影片) 以提升內容的可讀性、或者加入更多內部連結來優化網站結構…等等。

在眾多 SEO 操作項目中，有一項稱為**使用者需求優化**，目的在於讓網站內容更符合使用者的**搜尋意圖** (Search Intent, 指的是使用者在輸入查詢時背後的目的), 以提升網站的自然搜尋流量。我們可以借重 ChatGPT GPT 商店當中的 SEO 機器人幫網頁做體檢，了解網頁有哪些需要改善的地方。

餵入網址請 AI 快速分析

這裡介紹的是由 Natzir 所開發的搜尋意圖優化 AI 工具 - **Search Intent Optimization Tools**，它可以幫我們了解網頁內容是否與 Google 的評估演算法者一致，分析完成後，它也可以提供建議來優化內容。

1 參考附錄 A-2 節的說明到 GPT 商店以 "Search Intent Optimization Tools" 為關鍵字搜尋到此工具

2 這裡不直接交談，而是利用機器人提供的功能來操作

此 AI 機器人會先說明優化的相關知識：

網頁優化的要點，預設是顯示英文，可請它改用中文跟我們溝通

How well a content match the intent of a query?

To evaluate how well content matches the intent of a query, we follow a structured process. Here's the workflow:

1. Data Collection:

- URL of the webpage: The user provides the URL of the page to be analyzed.
- Snapshot of the webpage: Optionally, the user can add a snapshot of the webpage.
- Query: The user specifies the query the page aims to rank for.
- Search Intent: The user describes the search intent, i.e., what the searcher is looking for.

2. Content Analysis and Intent Match (Measurement - M):

✎　說繁體中文

當我們評估內容與查詢意圖的匹配度時，以下是一個結構化的流程：

1. 數據收集：

- 網頁的URL：用戶提供需要分析的頁面URL。
- 網頁快照：用戶可以選擇性地添加網頁的快照。
- 查詢：用戶指定該頁面旨在排名的查詢。
- 搜索意圖：用戶描述搜索意圖，即搜索者在尋找什麼。

2. 內容分析與意圖匹配（測量 - M）：

- 主題相關性：分析提供的URL內容與查詢主題的匹配程度。
- 全面性：評估內容是否全面地覆蓋了所涉及的主題。
- 清晰度：評估內容的清晰度和可讀性。

3. 可信度評估（可信度 - T）：

- 權威性：確定作者或網頁背後實體的權威性。
- 準確性：檢查提供的信息是否準確。
- 可靠來源：查找是否存在可靠的來源和參考資料。
- 時效性：確保內容是最新的。

判斷網頁是否有搜尋意圖的標準化步驟，AI 都幫我們設計好了

我們來使用看看，直接餵入某個產品網頁給 AI 機器人分析：

基於分析，該網頁的內容與查詢意圖高度相關，得分為2/2。然而，該頁面的可信度評估為1/2，這表明在信息的準確性或權威性方面存在一些顧慮。因此，總體評分為1/2，建議在提升內容可靠性方面進行改進，以提高其對查詢的有用性。

如果你有具體的網頁和查詢需要分析，可以提供相關信息，我可以幫助進行詳細評估。

https://www.flag.com.tw/books/product/F3768

1 順著GPT機器人的指引，提供要分析的網頁

2 GPT機器人會依照其設計的步驟一一進行分析，並做出評價

好的，以下是針對「https://www.flag.com.tw/books/product/F3768」這個網頁進行的分析和評估：

3 依筆者使用經驗，這些資訊不盡然全正確，例如這裡的書名似乎跟目標網頁的不太一樣，其他資訊倒都算正確

1. 數據收集

- URL: https://www.flag.com.tw/books/product/F3768
- 查詢: 程式入門書
- 搜索意圖: 搜索者希望找到一本適合初學者的程式設計入門書籍

2. 內容分析與意圖匹配 (M)

- 主題相關性: 該網頁介紹了一本程式入門書《Python程式設計》，從標題和描述來看，這本書專門為初學者設計，內容涵蓋Python基礎知識，非常符合「程式入門書」這一查詢。
- 全面性: 該頁面詳細介紹了書籍的內容大綱，包括基礎語法、實例講解和實踐應用，並提供了購買鏈接和書籍封面圖片。這些信息對於想要學習程式設計的初學者來說是非常有幫助的。
- 清晰度: 頁面設計簡潔明了，內容介紹詳盡，使用者可以輕鬆找到他們需要的信息。

3. 可信度評估 (T)

- 權威性: 該頁面來自於一家專業的出版網站，Flag出版社，這增加了內容的可信度。
- 準確性: 書籍介紹部分詳細描述了書籍內容，並包含實際的書籍封面圖，這些都增加了信息的準確性。
- 可靠來源: 該書的介紹來自於出版社的官方網站，因此來源可靠。
- 時效性: 書籍的出版日期和內容沒有顯示在頁面上，這可能會影響讀者對內容時效性的判斷。但考慮到編程基礎知識變化不大，影響不大。

來看 AI 機器人是否給出可改善的具體建議吧，筆者在此反覆試了幾次：

5. 總結和建議

根據分析，該網頁的內容與「程式入門書」這一查詢的搜索意圖高度匹配，得分為2/2。頁面內容詳細、清晰且可靠，來源於專業的出版網站，具有較高的可信度。因此，該頁面在滿足搜索者需求方面表現出色。

建議該頁面可以考慮添加書籍的出版日期或更新日期，以進一步增強內容的時效性和可信度。

AI 第一個建議是應該加入產品發佈的日期

回頭檢查原始網頁, 的確漏了書籍出版日期, 這對
讀者判斷書籍新舊至關重要, 是個不錯的建議

5. 總結和建議

基於分析，該網頁的內容對於「程式入門書」這一查詢部分相關，得分為1/2。該書專注於程式除錯，對於希望學習程式設計的初學者有一定價值，但未完全覆蓋程式設計入門所需的所有基礎知識。該頁面的內容詳細、清晰且來自可靠來源，具有較高的可信度。

建議該頁面可以在內容中增加更多關於程式設計基礎知識的介紹或推薦其他適合入門的書籍，以更好地滿足搜尋程式設計入門書的用戶需求。

另一個建議是可考慮列入其他「參考
書籍」，以滿足讀者的搜尋意圖

總的來說，這個 AI 工具在分析和評估網頁內容方面非常有效率，能快速分析並提供具體的建議，結果也很好懂，若您的工作需要頻繁處理和評估大量網頁內容，此 AI 無疑會有很大的幫助。

> **TIP** 附帶一提，在使用 AI SEO 工具時，建議先熟悉基本的 SEO 知識，如關鍵字研究、頁面優化和建立外部連結…等。這有助於你理解和解讀工具提供的建議，使用這類 AI 工具時才能更得心應手。

14-4 內建多平台文案模板的 AI 文案撰寫工具

使用 AI Rytr.AI

除了在 ChatGPT 等 AI 聊天機器人介面操作外，若您以 **AI + SEO** 為關鍵字來搜尋，一定會看到超級多的 AI 寫作 + SEO工具，例如大名鼎鼎的 Jasper AI、Surfer AI…等。只不過上述工具都不太便宜，花大錢之前通常得考慮再三。有鑑於此，本節我們將介紹一套提供免費試用的 **Rytr AI** 工具，可以協助我們進行文案內容撰寫以及 SEO 相關操作。

這類工具很棒的一點通常都會**內建多平台的行銷文案模板**選項，看您是想撰寫 Google 廣告文案、FB 文案、訂公司網頁的標題 (meta title)…等，只要選定模板後，AI 就會自動生成相近的內容，比起下提示語 (prompt) 給 AI，這類工具可省下不少工夫。

☑ 快速熟悉 Rytr AI 的操作介面

Rytr 本質上就是一款 **AI 輔助寫作工具**，請先連到 Rytr 的官網 (https://rytr.me/) 註冊一個免費帳號來用，並完成一些初始設定：

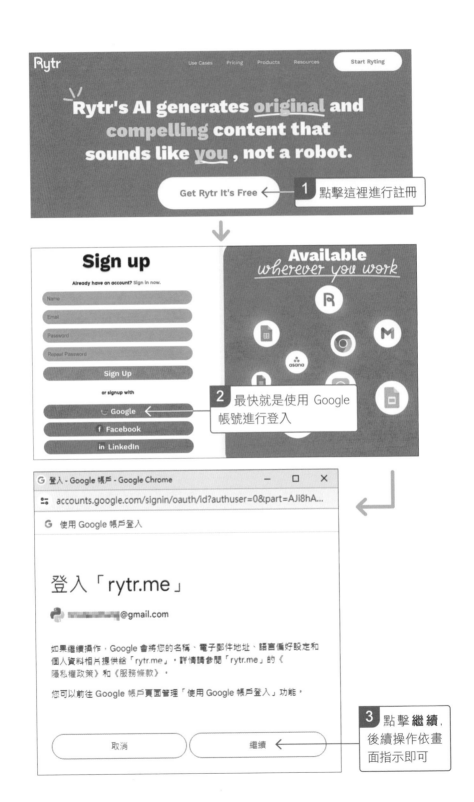

後續會有不少對話精靈，可以選擇跳過，或依自己的情況回答即可，之後就會來到 Rytr 主畫面，有項重要的工作要記得先做，那就是**設定您想使用的預設語言**，本書是以繁體中文為例：

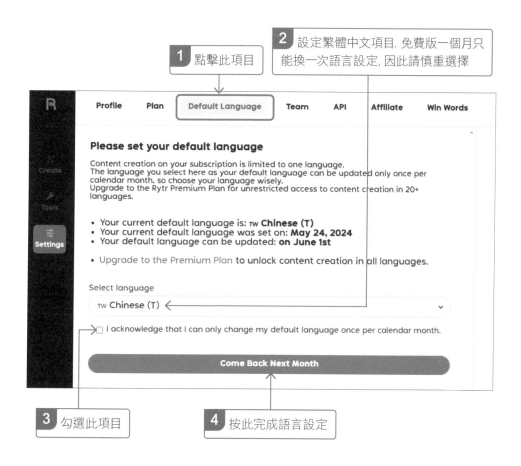

1 點擊此項目

2 設定繁體中文項目，免費版一個月只能換一次語言設定，因此請慎重選擇

3 勾選此項目

4 按此完成語言設定

☑ 例：請 AI 撰寫 Google 廣告文案

如同前述，Rytr 的文案寫作功能提供了**豐富的語氣**和**使用情境**協助我們建立各種內容，使用方法很簡單，指定您想寫哪方面的內容，再提供相關資訊給 AI，就會給出建議了：

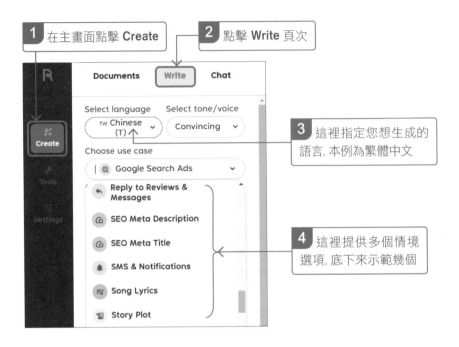

1 在主畫面點擊 Create

2 點擊 Write 頁次

3 這裡指定您想生成的語言, 本例為繁體中文

4 這裡提供多個情境選項, 底下來示範幾個

Google 廣告是許多行銷工作者經常操作的工具, 透過廣告可以有效提升品牌曝光度和轉化率。然而, 撰寫出色的廣告文案並非易事, 需要結合創意和精確的關鍵字才行, 此時就可以請 Rytr AI 給您一些建議:

1 先在此欄位選定 **Google Search Ads**

2 輸入產品名稱, 以書籍產品為例就直接用書名

3 將現有的一些文案填入供 AI 參考

4 填入關鍵字 (判斷不出來的話也可以用 AI 寫, 後述)

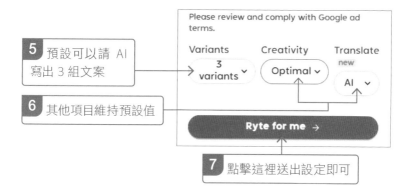

底下是本例 Rytr AI 協助生成的 3 組文案，可以看到都符合 Google Ads 的格式，包括大標、底下的描述文案、最後的 slogan 標語…等等：

AI 生成 3 組文案給我們參考

✅ 例：請 Rytr AI 生成吸引人的網頁標題 (SEO Meta Title)

SEO Meta Title 是網頁的重要元素之一，它會顯示在搜尋引擎結果頁 (SERP) 的連結上方。此標題對於搜尋引擎來說非常重要，也是用戶在搜尋結果中看到的第一個資訊，對於提升網頁排名至關重要。

Rytr 工具的 **SEO Meta Title** 功能可以幫我們生成針對搜尋引擎優化的標題, 藉此吸引更多的流量:

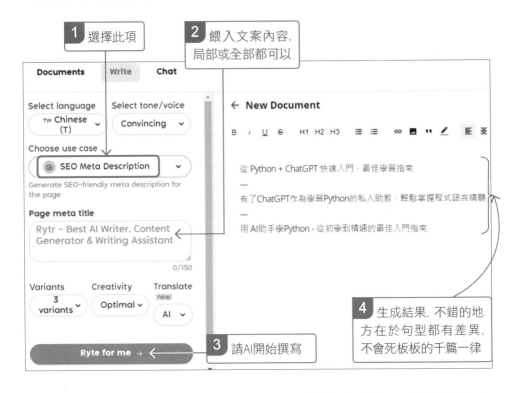

Rytr AI 的操作就是這麼方便, 堪稱專業的寫作助手。由於部落格文章、產品單品頁文案、FB Po 文、電子報內容…等需要的文案格式都不太一樣, 此工具在 **Choose use case** 欄位中提供了廣泛的文案模板選項, 選定後再餵入相關資訊就可以請 AI 生成內容, 這對不擅長針對各行銷場景撰寫文案的新手來說絕對是一大利器!

職場生產力 UP

儘管 Rytr AI 生成的文案不見得可以直接用, 但它對於**快速擬定文案架構、激發文案撰寫靈感**幫助極大。如果您對這類 AI 文案生成工具很感興趣, 可以再研究功能更強大的 Jasper.AI 或 Surfer SEO 等付費工具, 付費工具通常提供更多樣的文案模板和生成選項, 也會有更精確的語言處理能力, 可以有效提升行銷文案撰寫的效率和品質。

04 AI 影音行銷助手

15

CHAPTER

語音 AI、音樂 AI

自動旁白、背景音樂、
廣告歌, 用 AI 生成最 Easy !

15-1 講稿自動轉語音, 不用花錢找人配旁白

15-2 用 Suno 幫行銷影片加上
各種風格的背景音樂

15-3 做一首琅琅上口的廣告歌曲

隨著 AI 技術的快速發展，AI 生成**語音**和**音樂**的應用逐漸成熟，本章會介紹如何使用這些便利的 AI 工具提升辦公室生產力。無論是需要練習才能念順的**影片旁白**，還是需要花時間找合適的**背景音樂**，都能利用 AI 強大的生成能力有效地節省時間。不僅如此，企業也可以利用 AI 為公司的新產品製作專屬的**廣告歌**，讓推出的產品更具吸引力。

15-1 講稿自動轉語音，不用花錢找人配旁白

使用 AI **FlexClip、ChatGPT**

FlexClip 是一款由 PearlMountain 公司開發的免費線上影片剪輯平台，除了提供各種類型的大量範本供使用者迅速做出影片之外，也有提供不少 AI 工具，減少影片編輯時花費大量時間在繁瑣又單調的作業上。接下來筆者要介紹的 **AI 文字轉語音**就是 FlexClip 當中的好用 AI 功能，不用花錢就能有專業的配音，也不需要花時間練習，按下按鍵馬上就能生成好，省時又省力。FlexClip 的介面風格簡單，即使是第一次使用也可以輕鬆上手。

> **TIP** 基本上 FlexClip 的功能，包括 AI 工具都是可以免費使用的，只是免費的限制較多。
>
> 關於版權的部分，AI 生成的圖片可以用於商用，版權因各國的法律不同而異。但使用 FlexClip 製作的影片，除非全部用使用者擁有版權的檔案上傳製作 (圖片、影片、音樂等)，否則只有付費帳戶可以將影片用於商用。關於版權的說明：
>
> ● https://help.flexclip.com/en/collections/3956168-copyright

☑ 註冊 FlexClip

FlexClip 需要註冊帳號才能使用，如果沒有帳號，請先至官方網站進行註冊：https://www.flexclip.com/tw/。

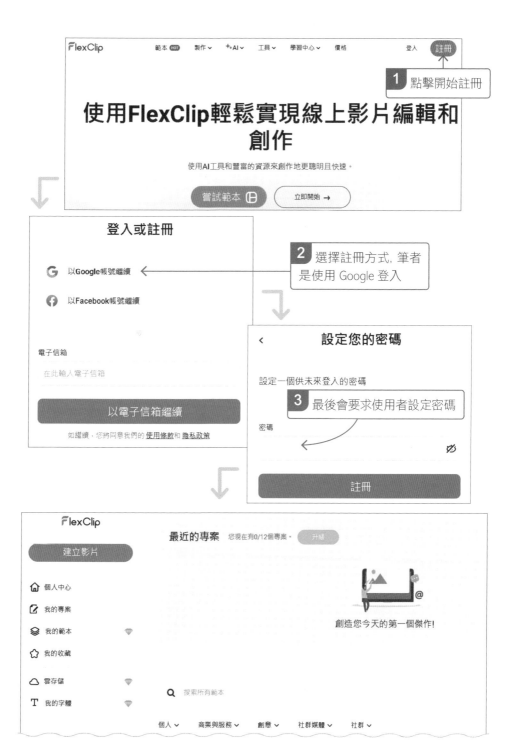

▲ 完成後就可以進入主畫面

☑ 用 AI 快速將講稿轉換成語音

FlexClip 有內建各種不同的 AI 工具, 從 AI 生成影片、翻譯之外, 還有 AI 影片腳本、自動字幕等非常便利的功能, 筆者接下來會示範一鍵將**講稿轉換成語音**的 AI 功能, 後續要加入做為產品旁白解說都可以:

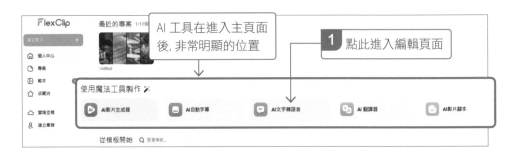

在編輯頁面中要填入講稿, 產品講稿可以用 AI 協助生成, 例如將產品說明書上傳給 ChatGPT, 請它產生幾分鐘的講稿, 或先寫個大概再交給 ChatGPT 進行潤稿等。筆者接下來就示範如何請 AI 把講稿轉換成語音, 相關功能在編輯頁面的左側:

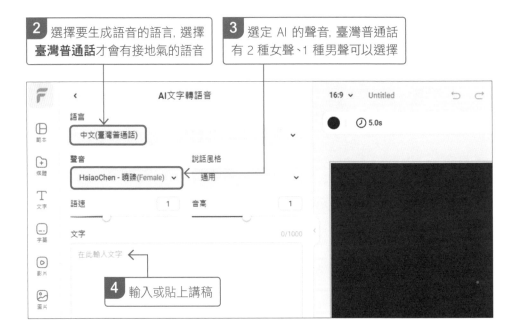

　　如同上圖所示, FlexClip 不僅有提供中文, 而且還有不同口音和方言的選擇, 請記得切換到**臺灣普通話**的選項。不僅如此, FlexClip 針對免費方案提供的額度也十分夠用, 每月能轉換 1000 字的語音內容, 可以從文字框格右上方來確認字數：

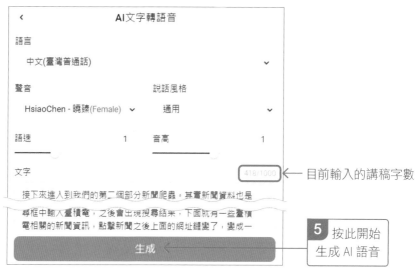

目前輸入的講稿字數

5 按此開始生成 AI 語音

　　FlexClip 生成語音的速度非常快, 不用多久的時間就可以完成：

AI 生成好的音檔會直接顯示在下方, 點此可以播放

6 點選下載即可保存

也可儲存到 FlexClip 雲端 (見下頁說明)

在上圖中如果選擇**儲存到媒體**，除了會儲存到 FlexClip 雲端之外，還會跳出儲存到電腦的視窗，方便使用者直接下載，但是要注意**雲端為收費項目**，免費會員只能暫時存放檔案，供編輯時暫用，登出並關閉網頁後過一段時間便會清除，因此如果不打算付費請用下載的方式保存檔案。

15-2 用 Suno 幫行銷影片 加上各種風格的背景音樂

使用AI　Suno

AI 音樂生成是一種透過學習大量的音樂資料，擷取出不同曲風的樂理、結構後，據此重新生成新音樂的技術。通常請人製作音樂會需要專業的作曲家和設備齊全的錄音室，過程既耗時又昂貴，然而使用 AI 生成不僅快速，還能幫助企業探索出獨特的音樂風格，從而加深消費者對品牌的印象和增強吸引力，讓企業在市場上脫穎而出。筆者接下來要介紹的 **Suno**，就是一個讓使用者可以透過 AI 製作原創音樂的網站。

> **TIP** 免費版使用者生成的歌曲僅限於非商業用途。若為付費版本，不用到最高等級的方案，生成的歌曲就可用於商業用途，付費的相關資訊可在「Subscribe」中進行查看。

☑ 用 Suno AI 快速生成背景音樂

Suno 提供一個仜何人都能輕鬆創作音樂的平台，透過 AI 輔助就能生成各種類型的音樂，激發使用者的創意，創造出獨一無二的曲子。Suno 不需要登入就可以自由瀏覽、播放其他使用者生成的音樂。但要製作自己的音樂仍然需要登入帳號，因此請先至官網註冊一個帳號 https://suno.com/：

1 註冊

隨機產生 3 個不同的音樂生成 Prompt

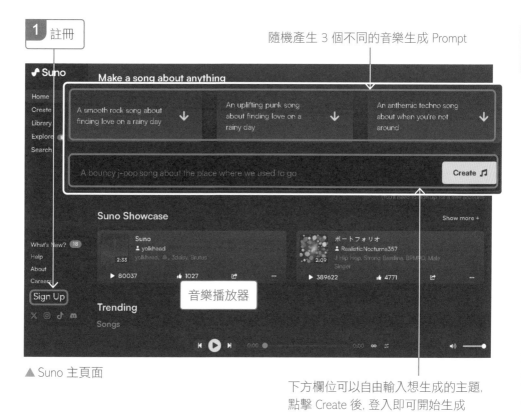

音樂播放器

▲ Suno 主頁面

下方欄位可以自由輸入想生成的主題，
點擊 Create 後，登入即可開始生成

Suno 採取透過其他
帳號登入的方式建立帳號，
目前支援使用 Discord、
Google 和 Microsoft 的帳
號登入：

2 筆者同樣選擇使用 Google 登入

登入後會發現主頁面有些不同，除了原先頁面上方的範例消失之外，左側出現了 credits 的數量：

製作音樂的編輯頁面

個人作品區與播放清單、追蹤的作曲家

目前擁有的 credits 數量

　　免費方案每日會有 50 credits，而 Suno 每製作一次音樂會消耗 10 個 credits，但 1 次會生成 2 首方便您做比較，因此**每日可以免費生成 10 首音樂。**

　　一般來說 Suno 會根據使用者輸入的 Prompt 自動生成名稱、曲風，和分好主、副歌的歌曲，不過此處要先示範的是**用於產品影片配樂的背景音樂，**因此需要修改設定成「沒有歌詞」的純音樂。請先點擊 Create 進入編輯頁面：

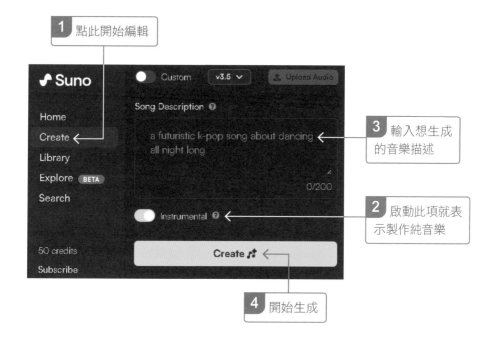

　　筆者示範使用的影片是準備用在新開幕書店展示的書籍推薦背景音樂，為了符合文青目標族群，筆者選擇使用輕柔的鋼琴音樂做為背景音樂，營造出一種優雅、寧靜的氛圍，適合介紹藝術、攝影集或是風景等畫冊內容。

　　將音樂風格輸入上圖 3 的 Prompt 框，請注意最多只能輸入 200 個英文字：

A soft piano music. The music should have a simple and beautiful melody, a slow and coherent rhythm, and the overall atmosphere should be elegant and peaceful.

大意如上所述 (依經驗，英文提示語的生成效果比較好，若您對英文苦手，可以擬中文後再請 ChatGPT 等 AI 幫忙翻譯，再貼回這裡送出)

稍微等待一下，畫面右邊就會出現 Suno 生成的 2 首音樂：

點此播放　　AI 幫我們取的曲名　　　　　　　　　　　　更多設定 (見下圖)

AI 會順道生成個小封面做為示意圖

使用相同 Prompt 再生成樂曲 ⟶ Reuse Prompt
重新命名、更改圖片 ⟶ Edit Details
加至播放清單 ⟶ Add to Playlist
　　　　　　　　　　　 Go to Song Radio
分享 ⟶ Share
　　　　　　　　　　　 Download ⟵ 點此下載生成的音
　　　　　　　　　　　 Report 樂，有 mp3 音訊和
mp4 影片 (內容是
封面搭配音樂) 2 種
版本可以下載
移至垃圾桶 ⟶ 🗑 Move to Trash

　　有了音樂後，就可以用影片編輯器將背景音樂添加至影片中，這方面的工作除了使用本章前面介紹過的 **FlexClip** 之外，也可以使用 16-1 節將介紹的 **Canva**，將背景音樂與影片素材合併製作出獨特的宣傳影片成品。

15-3 做一首琅琅上口的廣告歌曲

使用 AI Suno、ChatGPT

前面使用 Suno 製作了**純背景音樂**的曲子,但有在主頁面聽過 Suno 生成的音樂應該會發現,大多都是有人聲、歌詞的樂曲。接下來筆者要示範的就是使用 Suno 製作**廣告歌曲**。如果您的產品行銷上需要這類素材快來用 AI 幫忙生成吧!

☑ 智慧化的詞曲全創作

AI 可以在短時間內生成歌詞和樂曲,這對於需要快速製作新品推廣素材的企業非常方便。AI 能夠學習、模仿不同風格的音樂,生成特定風格的歌詞和旋律,創作出融合不同元素的歌曲,幫助企業更好地傳達品牌理念。

一般來來這類素材都希望是容易記憶的歌曲,因此筆者選擇以輕快的流行音樂風格製作:

> It is a light and cheerful modern pop music with simple and easy-to-remember melody and lyrics and a brisk rhythm. It is suitable for advertising songs that convey positive and hopeful messages.

TIP 這組 Prompt 大概的意思是要求 Suno 生成一首輕快歡樂的現代流行音樂,搭配簡單好記的旋律與歌詞。

▲ 詳細資訊的頁面比較方便檢視歌詞

☑ 自行輸入歌詞來生成歌曲

剛剛的範例，歌詞是由 Suno 根據輸入的 Prompt 憑空所生成的，可能多少會跟產品內涵或廣告內容不符。其實我們也可以手動貼上歌詞讓 Suno 生成歌曲，這個方法需要開啟 Suno 的**自訂模式**，除了可以自訂歌詞之外，也能設定音樂的風格，或者覺得 AI 生的歌詞或歌曲太短想延長也可以：

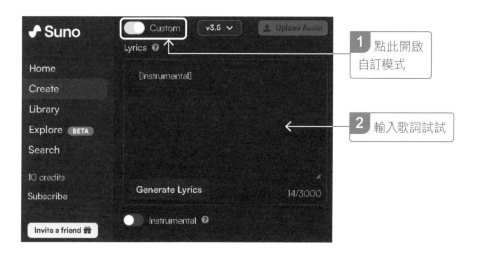

然而第 2 步將游標移到輸入歌詞的方框時，會出現禁止符號，點擊後會跳出以下提示視窗，這是 Suno 官方為了避免發生侵權行為，要求只能使用由 AI 生成、自己原創，或有被授權可使用的版權歌詞，使用者需要同意這項要求後，才能繼續使用：

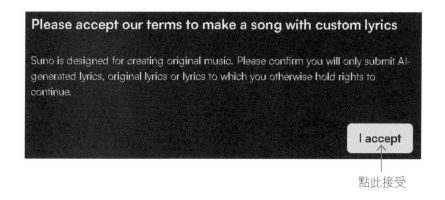

點此接受

接著請 ChatGPT 生成符合要求的歌詞，筆者以人壽保險公司為例，請 ChatGPT 生成簡單好記的歌詞：

[Verse 1]
Every morning starts with a smile,
Flag Life Insurance by your side all the while.
Family love, warmth in our hearts,
Together, we'll embrace new starts.

[Chorus]
Flag Life, with you along,
Love and protection ever strong.
Giving you peace, giving you strength,
Together we'll create a life so great.

[Verse 2]
Through stormy days or sunshine bright,
Flag Life Insurance holds you tight.
Steadfast love, endless care,
Walking with you everywhere.

[Chorus]
Flag Life, with you along,
Love and protection ever strong.
Giving you peace, giving you strength,
Together we'll create a life so great.

[Bridge]
Every day in our life's journey,
We face new dawns and new stories.
No matter when or where,
Flag Life Insurance is always there.
(下略)

將歌詞填入 Suno 的生成框
後,下方是設定音樂風格的方框,
除了可以自己輸入想要的風格之
外,官方也有提供隨機的音樂風
格快捷鍵在下面,點擊會自動添
加至方框中:

1 輸入音樂風格,筆者輸入了 pop 和 upbeat 這2種風格

官方提供的隨機音樂風格

2 替歌曲取個名稱

3 設定完就可以點擊開始生成

稍微等待一下, Suno 照例會生成 2 首曲子方便您比較,可以點擊歌名
確認有依照輸入的歌詞生成:

您可以在比較完 2 首歌後,採用覺得生成比較好的那首。要是都不滿
意,可以點擊 15-10 頁提到的 **Reuse Prompt** 用相同的設定再生成一次,
但點擊後會切換到剛才編輯的畫面,不會直接開始製作,因此有任何想修改
的地方,都可以先進行修改再讓 AI 產生新的歌曲。

\ MEMO /

16

CHAPTER

影音 AI

宣傳動畫、教學影片、
酷炫電子報，用 AI 做超快！

隨著 AI 技術的發展，除了社群媒體上開始出現各種 AI 生成的圖片之外，由 AI 生成的**影片**也開始出現，而且不僅限於個人娛樂範圍，有些商業用廣告也會在影片中穿插 **AI 生成的動畫**，利用 AI 的創意吸引觀眾注意。另外，AI 工具也為**影片編輯器**提供了強大的智慧功能，協助使用者製作影片，許多簡單卻重複性高的作業由 AI 接手，不僅能節省手動編輯所花費的大量時間與精力，也能避免反覆太多次而出現的人為錯誤。除此之外，也可以用 AI 製作出符合**企業形象的虛擬頭像**，在解說商品時比起單純的文字能夠增加更多親和力。請隨著本章學著用 AI 輕鬆完成上述宣傳素材吧！

16-1　來個氣勢磅礡的企業識別片頭

使用 AI ▶ Kaiber、Canva

在品牌推廣的過程中，第一印象非常重要，能否製作出一個具有視覺震撼的創意成品是關鍵。AI 技術不僅能夠提高製作效率，使得影片在短時間內完成之外，還可以將各種天馬行空的想像轉化成栩栩如生的影片特殊效果，輕鬆抓住觀眾的目光。

本節筆者要示範的是**使用 AI 生成影片的技巧**，我們計劃以企業的 Logo 為素材，結合 Canva 的音樂素材，製作出獨樹一格影片片頭。一個精美的片頭，除了能提升影片的整體質感，讓觀眾感受到公司的專業度和用心之外，也是品牌推廣中，吸引觀眾繼續觀看後續影片內容的重要元素。

> **TIP**　由於製作動畫可能會消耗不少額度，若想要多做幾支影片，就需要升級付費方案。關於版權，如果是免費用戶，則需要遵守 Commons Noncommercial 4.0 Attribution International License，也就是允許用在個人用途，但不得用於商業目的，然而付費用戶則擁有完整的權利，可以運用在各種商業目的。詳細的版權說明可至官網：https://helpcenter.kaiber.ai/en/articles/7935662-i-created-a-video-with-kaiber-what-are-my-usage-rights-can-i-use-my-kaiber-videos-for-commercial-purposes
>
> 根據筆者的實測，生成像片頭這種只有幾秒鐘的動畫，即使用需要較多額度的 Motion 來製作，也不用擔心免費的額度不夠，以範例為例，筆者製作的片頭動畫只有 3 秒，花費 15 個額度。

☑ 用 Kaiber AI 讓 Logo「動」起來

Kaiber 是由藝術家所建立，號稱是為所有藝術創作者、設計人服務的 AI 公司，在每一個創作階段都可以提供協助。不僅網站很有設計感，操作介面也是簡單直覺，很容易上手，不用擔心會設定許多看不懂的專業項目。

熟悉 Kaiber 的操作介面

使用 Kaiber 需要先註冊，請先進入官方網站 https://kaiber.ai/，然後跟著以下步驟操作：

1 點此開始註冊

2 選擇位在下方的 Google 登入最快

> **TIP** 操作前先提醒讀者，我們待會是以 Kaiber 免費會員來操作，使用相關的動畫生成功能完全沒問題，但若想替動畫添加音樂，則必須付費升級才行。也因此，前頁我們才提到音樂素材的添加將利用 Canva 來完成。

登入成功進入主頁面後，請點擊 **+Create Video**，會看到 Kaiber 的製作方式分成 2 類，一類是使用者從頭開始製作，另一類是使用**模板 (Templates)**：

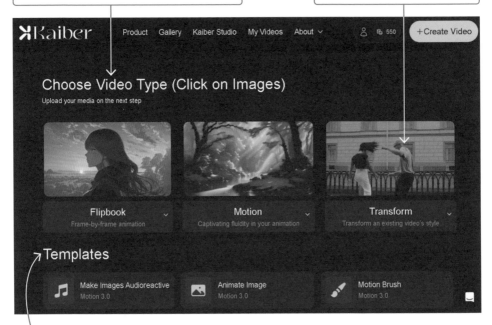

> **由使用者自己製作**，有 3 種不同的動畫類型可以選擇：Flipbook、Motion、Transform

> 滑鼠移到範例影片上面會進行展示，讓您大致了解效果

> **使用模板製作**，目前官方提供 3 種模板。模板的做法和上述 3 種大同小異，只差在提供了現成的參考設定讓你不會不知道該怎麼做，後續我們不會使用到模板的功能

▲ Kaiber 的主頁面

- ◉ **Flipbook**：一格一格生成的逐格動畫，流暢性稍差，但畫面變化較多元，需要多加嘗試比較能生成好的作品。

- ◉ **Motion**：在同一個畫面場景做不同運鏡的動畫效果，流暢性佳，但動態效果的變化幅度有限。

- ◉ **Transform**：將某一段影片轉換成不同風格，需要先有原始影片，相對其他製作方式會比較受限於原來的影片內容。

前面提過 Kaiber 的操作介面十分簡單容易上手, 沒有複雜的項目需要調整, 因此也不會讓使用者為了製作不同類型的動畫, 去學習使用不同的介面。左圖的從頭自製選項中, **Flipbook** 和 **Motion** 的操作介面基本上是相同的, 可以自由選擇上傳圖片或直接輸入 Prompt 開始, 但選擇 **Transform** 一定要上傳影片才能開始, 兩個介面的差別在於接受的上傳檔案類型不同:

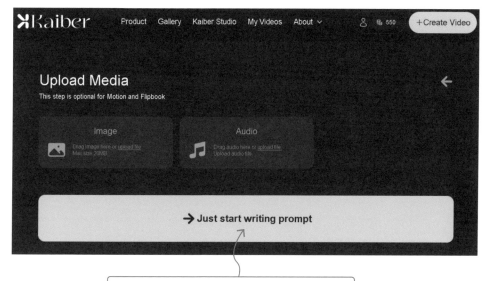

使用 Flipbook 和 Motion 方式可以自由選擇要不要上傳檔案, 不上傳直接按此即可開始

　　另外, 使用 Flipbook 和 Motion 製作動畫時, **有沒有上傳圖片**會有很大的差異。當 AI 有圖片參考時, 就能以此為依據生成動畫, 生成結果就不會太隨機, 比較能掌握內容。

　　本節範例我們打算用 **Motion** 的方式將右圖的靜態旗子 Logo 製作成「旗子隨風飄揚」的動畫。先帶您熟悉一下影片製作介面:

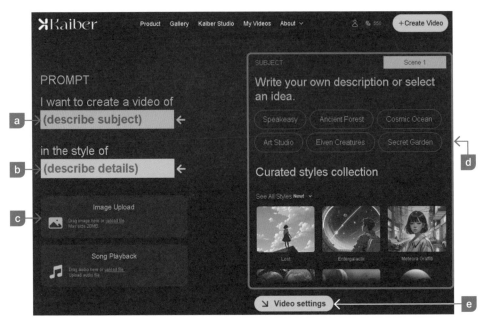

▲ 這是 Flipbook 的操作介面, 但其實點選 Motion 也會看到相同介面, Transform 除了上傳圖片變成上傳影片之外, 其他的部分也都相同

a 用英文輸入想要製作的動畫敍述 (prompt)

b 用英文輸入動畫的風格

c 也可以設定加入圖片, 以圖片為素材來製作動畫

d 一開始如果不確定該怎麼輸入, 可以點選右邊官方提供的範本, 觀摩一下寫法 (都是英文的, 不熟可以請 ChatGPT 翻譯), 點擊後左側的 prompt 區就會出現資料

e 填入 prompt 後, 按下會進入動畫的設定頁面

TIP 本例的 prompt 會輸入希望製作的 Logo 動態效果, 以前頁看到的 Logo 範例來說, prompt 就會輸入「旗子隨風飄揚」的英文敍述, 如果沒有想法, 可以用「旗子可以怎麼動」請 ChatGPT 針對上傳的 Logo 圖片給出英文敍述建議。用這些 AI 不是要練習英文, 麻煩的事交給 ChatGPT 這些 AI 就對了。

附帶一提, 近期 Kaiber 新增了 **Motion 模板**加快動畫製作的速度, 如果在 16-4 頁選擇使用模板製作的話, 頁面會先設定好需要輸入的選項, 想節省時間的使用者可以參考官方的設定, 將內容置換成自己要製作的內容, 試試模板生成動畫的效果。

開工!用 AI 讓靜態 Logo 變動畫

筆者接下來會示範如何從頭開始製作動畫,若您選擇套用在 16-4 頁套用**模板 (Templates)** 來修改,操作上都不會有太大差異。

由於是要製作片頭動畫,**流暢性**比創意或多元性還重要,因此筆者選擇使用 Motion 的類型來製作,我們先上傳範例 Logo 圖片:

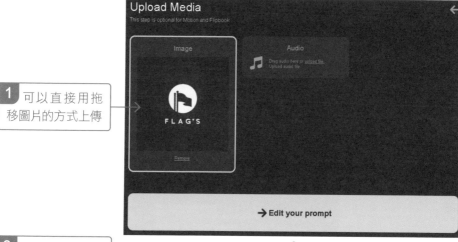

1 可以直接用拖移圖片的方式上傳

2 描述希望製作的動畫內容 (可請 ChatGPT 協助生成)

3 除了可以自己輸入風格描述之外,也可以點選右側圖片,使用官方設定好的風格

如果使用模板生成,在這裡替換圖片即可

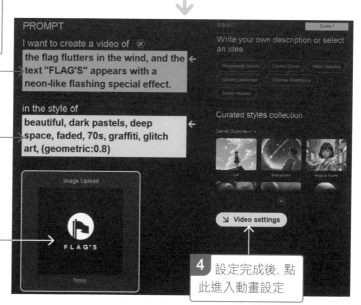

4 設定完成後,點此進入動畫設定

到目前為止, 操作介面基本都是相同的, 但進入**動畫設定**後, 會出現不同的設定項目, Flipbook 的設定將會留到後面再進行介紹:

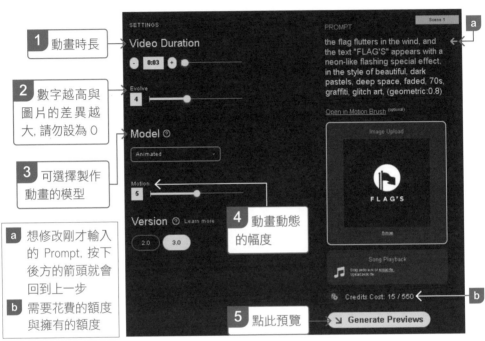

1 動畫時長

2 數字越高與圖片的差異越大, 請勿設為 0

3 可選擇製作動畫的模型

4 動畫動態的幅度

a 想修改剛才輸入的 Prompt, 按下後方的箭頭就會回到上一步
b 需要花費的額度與擁有的額度

5 點此預覽

▲ Motion 生成動畫的設定頁面

6 從中挑選一張預覽圖來生成動畫。這些圖是根據上圖 **2** 的 Evolve 設定, 生成動畫第一幀讓您預覽 (會提供 4 個選項供參考), 您可藉此了解待會動畫會朝哪個方向來生成。本例由於範例圖比較簡單, 預覽圖都差不多, 因此選哪個都沒差

▲ 生成影像的預覽頁面

7 按下即可生成動畫

關於前頁上圖步驟 2 的 Evolve 設定

除了不同類型的設定有些許差異之外，若您是以 16-4 頁官方設定的「模板 (Templates)」進行生成，在前頁上圖不會出現 Generate Previews 的按鍵，意思就是沒預覽、直接進行動畫生成。

這是因為各 Templates 預設的 Evolve 項目數值為 0。如同前述，Evolve 可以調整「生成動畫與上傳圖片」的相似度比重，設 0 就是零差異。當數值不為 0 時，在 AI 開始生成動畫前，就會如前頁下圖那樣先讓使用者選擇該動畫的第 1 幀畫面，如果不滿意可以按下 Prompt 後方的 ← 箭頭，回到最一開始輸入 Prompt 的頁面重新產生預覽。

　　如讀者所看到的，Kaiber 在生成動畫前會產生 4 張預覽圖，供使用者選擇覺得生成比較好的圖片，做為動畫的第 1 個畫面，雖然無法詳細設定後面繼續生成的動畫，但是透過選擇開始畫面，可讓最終產生出來的動畫更接近使用者的想法，而且生成預覽圖的過程不會消耗任何額度，只有在確定按下 **Create Video** (生成動畫) 後，才會消耗額度。

TIP 動畫長度的限制會依照製作類型而有所不同，免費只能製作最多 6 秒的動畫，依照不同的付費等級，有些動畫最長可以製作到 8 分鐘，若是選擇使用 Transform 米製作 AI 動畫，則輸山的動畫長度會和上傳的影片一樣，但官方有限制最多只能上傳 4 分鐘的影片。

　　本例由於利用簡單的 Logo 生成動畫，因此 4 張預覽圖沒有很大的差異，依照個人喜好從 Kaiber 生成的圖片中，選定一張按下 Create Video 後，就會開始生成動畫。只需稍微等待一下，Kaiber 就會將生成完的動畫展示出來：

下載 —— Download | Upscale | Share —— 分享

開啟輸入 Prompt 頁面 —— Open In Prompt Editor

View In My Videos —— 在我的頁面開啟

請將生成的動畫下載下來，由於 Kaiber 付費會員才能使用音樂上傳功能為動畫添加音樂，因此接著我們會繼續到 Canva (https://www.canva.com/) 上添加背景音樂。

☑ 用 Canva 強化影片動畫效果

很多人會利用 Canva 簡單做出漂亮簡報，除了整體操作與工具的使用方式好上手之外，包含繁體中文在內，支援的語言相當多，大幅降低語言隔閡，輕鬆創造出各種令人驚豔的作品。

Canva 官方有提供事先調整好的各種模板，從影片、社交媒體上的貼文到名片的大小都有，方便使用者直接套用。而且 Canva 擁有非常多素材與動畫效果，可以讓我們剛才完成的片頭影片變得更加生動有趣。

Canva 的基本操作

接下來筆者會介紹基本操作的方式，由於使用 Canva 需要有帳號，因此如果還沒有註冊過的讀者請先進入 Canva 官網註冊 https://www.canva.com/zh_tw/：

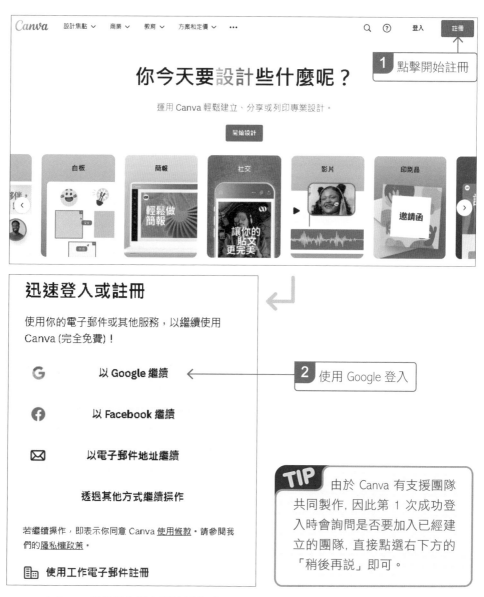

▲ Canva 提供了非常多種註冊方式

TIP 由於 Canva 有支援團隊共同製作，因此第 1 次成功登入時會詢問是否要加入已經建立的團隊，直接點選右下方的「稍後再說」即可。

﹤ 你要以 Canva 進行何種用途？

我們會運用此資訊，為你推薦適合的設計和範本。

3 接著會詢問使用 Canva 的主要用途

個人用途
你希望能無拘無束地創作一切

教師
你希望賦予學生揮灑的自由

非營利組織或慈善機構
你希望你的設計能造福人群

小型企業
你希望從頭開始設計你的品牌

大型公司
你希望拓展品牌並維持一致性

學生
你希望給老師和同學留下深刻印象

4 若有出現 Canva Pro 的付費功能相關資訊, 請先點此關閉, 進入主頁面

免費試用 Canva Pro

效率提升，效能更出色。快免費試用 30 天，體驗我們最受歡迎的功能。

Canva Pro 的功能如下。

- 1億+ 種付費版照片、影片和素材、3,000+ 種付費版字型、610,000+ 種付費版範本
- 調整尺寸與魔法轉換、背景移除工具和付費版動畫讓你輕鬆創作
- 運用品牌工具組、內容規劃表和 1 TB 儲存空間，讓一切保持井井有條

隨時可以取消。我們會在試用期結束的 7 天前提醒你。

開始免費試用

我偏好團隊試用版

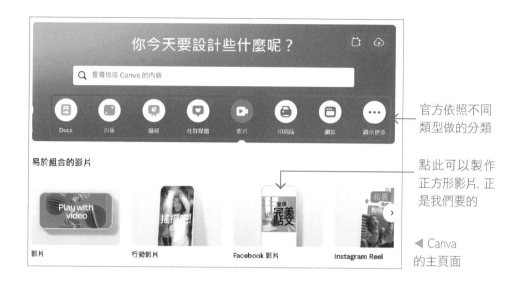

官方依照不同
類型做的分類

點此可以製作
正方形影片，正
是我們要的

◀ Canva
的主頁面

由於 Kaiber 的動畫預設都是正方形，所以我們在上圖的**影片**類別中同樣選擇方形的動畫尺寸。第 1 次進入設計畫面會出現官方的導覽，簡單介紹基本操作會用到的工具，讓使用者可以快速了解常用工具的位置：

a	工具列	e	可以先依照想製作的主題點擊範本下方的分類，避免在下方大量範本中找尋需要的模板
b	編輯用的區域	f	有 👑 圖示的皆為付費才能使用的項目
c	影片的時間軸		
d	還原與重做		

在我們的 AI 片頭動畫插入轉場效果

首先請將剛才利用 Kaiber 製作的動畫上傳至 Canva，可以直接拖移至編輯區域，使用者上傳的檔案會被歸類至**上傳**類別中，再依照類型分成圖片、影片和音訊：

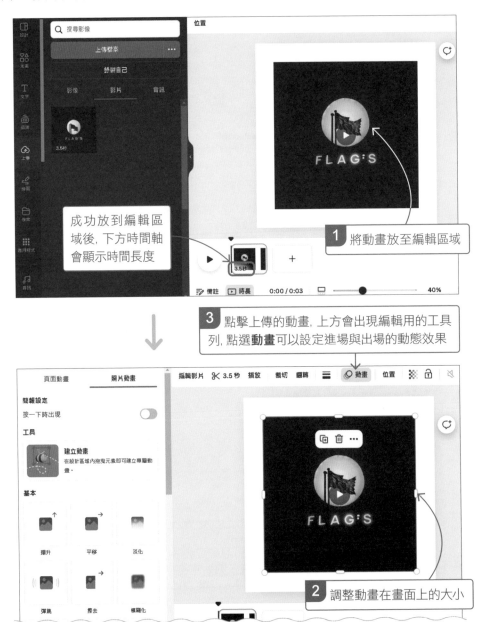

調整完動畫大小和動態特效後，建議將場景的背景調整成跟 Logo 動畫相近的顏色，不然會看到動畫方塊在場景中移動，呈現效果較不妥當。以此處範例來說，都調整成黑色才不會穿幫：

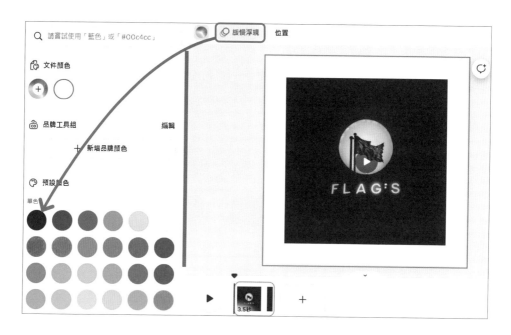

接著可以利用 Canva 的轉場動畫強化整體的動態效果，但是只有一個影片沒有辦法增加轉場動畫，因此需要先增加影片：

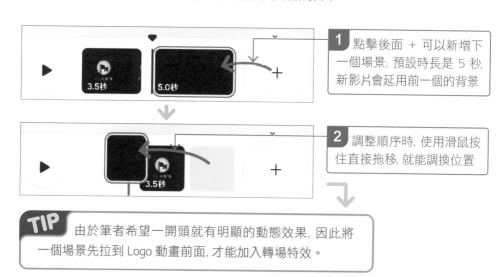

1 點擊後面 + 可以新增下一個場景，預設時長是 5 秒，新影片會延用前一個的背景

2 調整順序時，使用滑鼠按住直接拖移，就能調換位置

TIP 由於筆者希望一開頭就有明顯的動態效果，因此將一個場景先拉到 Logo 動畫前面，才能加入轉場特效。

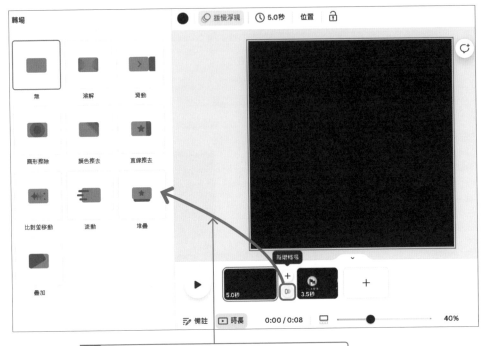

3 將游標移至 2 個影片中間可以開啟轉場動畫的設定, 讓切換不同場景的畫面呈現不會太突兀

在前後都加上轉場動畫後, 因為示範用的動畫較短, 所以會出現前後的影片都比 Logo 動畫長的狀況, 因此要縮短前後影片的時長:

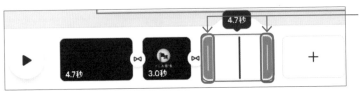

將游標放到兩端, 出現此圖示時按著滑鼠左鍵移動即可調整影片時間長度

替片頭動畫插入配樂

Canva 除了有設定分類之外, 也可以使用搜尋功能來尋找各種素材或模板, 官方會提供隨機的關鍵字引導, 縮短找尋素材所花費的時間, 而且這些素材的使用方式非常簡單, 直接從工具列把要使用的素材拖至編輯區域即可。你可以用 "intro" 之類的關鍵字, 搜尋適當的**音樂素材**當作本例片頭動畫的開場配樂:

1 輸入關鍵字

2 點此

　　大多數的音樂都是屬於付費項目，免費能用的檔案時間長度都偏短，還好本例片頭動畫的時間也不長，不難找到適合的免費素材檔案：

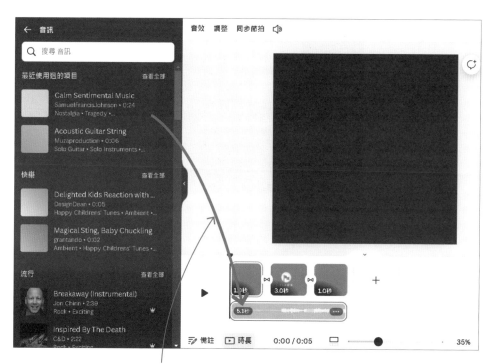

請注意，音樂不能放在上方編輯區域，必須要拉至下方時間軸才能使用

手動調整影片跟音樂節拍同步

加入音樂後可以先播放一次看整體的效果,而實際看過製作完的影片後,應該會發現有些地方音樂與畫面不合,或者轉場動畫本該落在重拍 (強拍) 卻明顯不到位。如果是有購買 Canva 付費功能的使用者,可以使用官方提供的**自動功能**幫你對好拍子,免費版就只能手動調整。雖然必須手動調整聽起來好像很困難,不過不用擔心,Canva 有提供一個非常好用的輔助工具,會幫忙標示出節拍,只要將節拍和轉場動畫的位置對好就可以了。

筆者會示範如何手動調整影片與音樂的節拍,請先點選時間軸上的音樂,再從上方出現的工具列中開啟**同步節拍**的選單:

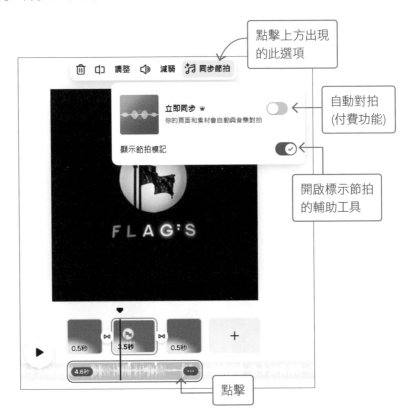

開啟節拍標記後,如下頁圖所示,在重拍處會出現明顯的記號,只要將記號與影片轉場動畫的部分對好,整體的觀看體驗就會上升:

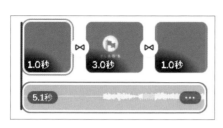

▲ 原始設定下的音訊檔

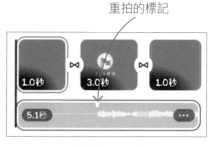

重拍的標記

▲ 開啟節拍標記的音訊檔

調整的方式有 2 種, 比較簡單的一種是**調整影片的長度**來對齊重拍的位置:

用游標拖移的同時, 看著下方重拍的位置來增加或減少影片時間

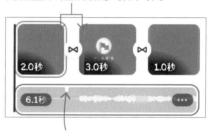

不需要太過糾結於重拍的位置, 因為它不一定要剛好位在兩個動畫的正中央, 只要是在轉場動畫 (紫色區域) 的範圍內就可以了

另外一個方法是**調整音樂**, 簡單來說就是如果使用的音樂有 1 分鐘, 但影片只有 10 秒, 那麼你可以選擇要使用音樂哪部分的 10 秒, 而不是單純從第 1 秒播放到第 10 秒。

要在 Canva 調整音樂時, 建議先確定音樂要放置的時間點, 也就是要做為哪部分的影片背景音, 確定好時間軸上的位置後, 再來調整實際要播放的音樂秒數會比較簡單, 不然有可能在時間軸上移動位置時, 動到音樂要播放的部分, 後續就會需要把位移的播放秒數調整回來。

簡單說就是先確定影片內容後, 最後再把音樂拉進來調整好, 若之後有動到音軌, 使用的段落區間要記得重新對準。

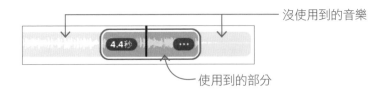

沒使用到的音樂

使用到的部分

請先點擊要調整的音訊，按下上方工具列的**調整**，Canva 會顯示出整首音樂(包含未使用的部分)，此時就可以用游標左右拖移該音訊檔，來調整重拍的位置：

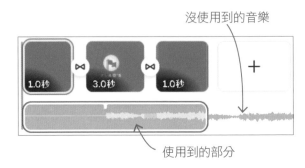

沒使用到的音樂

使用到的部分

在調整完重拍的位置後，可以加入**音樂淡入和淡出**的效果，特別是如果只取音樂檔案的某個段落來用，因為不是從頭開始，很有可能讓影片一開始的配樂顯得非常突兀，結尾也可能會有嘎然而止的問題；若能加上淡入或淡出效果，就可以讓音樂漸強或漸弱，不顯得那麼突然。

請先點擊音樂後，再點選上方工具列的**音效**：

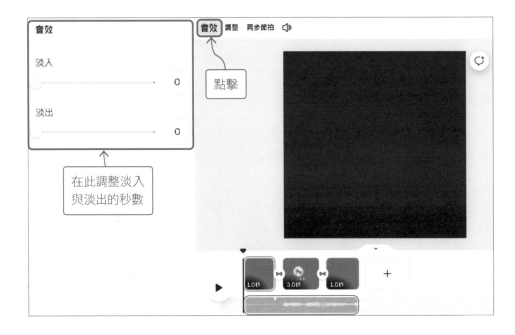

點擊

在此調整淡入與淡出的秒數

收工！輸出完成的 Logo 動畫影片

Canva 是採用自動存檔的方式, 因此使用者做出任何變更都會被即時儲存下來, 不會因為忘了存檔導致檔案遺失, 需要重頭開始再來一次:

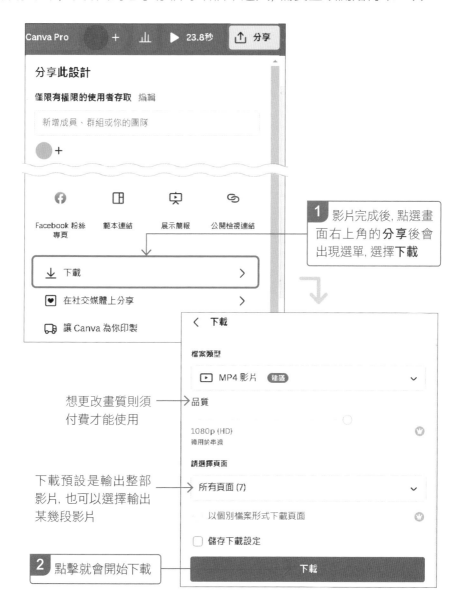

1 影片完成後, 點選畫面右上角的**分享**後會出現選單, 選擇**下載**

想更改畫質則須付費才能使用

下載預設是輸出整部影片, 也可以選擇輸出某幾段影片

2 點擊就會開始下載

最後只要選擇儲存的位置, 企業識別片頭就完成了!

16-2 用 AI 製作商用CF

使用AI ChatGPT、Kaiber、Canva

廣告商業 CF (Commercial Film) 指的是以廣告目的製作的商業影片。這類影片旨在有限的時間內展現出產品的最大賣點,來吸引觀眾的注意,促進產品銷售或提升品牌知名度。廣告商業 CF 通常會在電視、社交媒體等平台上播放,以達到宣傳效果促使消費者進行購買。

筆者接下來會綜合前一章及 16-1 節的技巧,製作出具有品牌特色的商業廣告,會先請 AI 聊天機器人**撰寫腳本、生成場景示意圖**,再用 16-1 節介紹的 Kaiber 依照場景示意圖**生成動畫**,最後加入第 15 章製作的**廣告歌**,用種種的 AI 組合技製作出廣告 CF。

☑ 請 AI 撰寫影片腳本

拍電影要有好劇本,拍 CF 影片也需要有適當的腳本,以下筆者會以人壽保險公司為例,請 ChatGPT 聊天機器人**撰寫腳本**,並依照腳本內容來**生圖**,做為後續給 Kaiber 生成動畫的場景畫面。如同前一節提過的,提供圖片給 AI 參考所生成的動畫內容會比較可控,這樣可以減少不滿意效果而反覆重新生成的時間。

首先進入 ChatGPT 的主頁面:

設計一個人壽保險公司的 10 秒商用 CF 腳本

10 秒人壽保險商業廣告腳本

- 場景一：

畫面展示一個溫馨的家庭，父母與孩子在客廳中開心地玩耍，畫面溫暖明亮。

- 場景二：

畫面切換到一位年輕的母親看著孩子微笑，孩子在公園中愉快地玩耍。

- 場景三：

畫面顯示一家人在一起分享晚餐，互相笑著交流，充滿幸福感。

- 場景四：

公司 Logo 及標語出現在螢幕中央，背景溫暖柔和。

標語：

人壽保險，守護你和家人的每一天。

說明：

這個 10 秒廣告腳本通過溫馨的家庭場景和幸福時刻來傳達人壽保險的重要性，無需旁白即可給觀眾留下深刻的印象。

　　當覺得生成出的腳本符合需求，就可以再請 ChatGPT 生成腳本中對應各個場景的圖片，不論是直接在 ChatGPT (Plus 限定) 中生成，還是改用其他免費工具 (例如 Copilot) 來生成圖片皆可。接著就可以利用 Kaiber，利用不同場景的圖片來生成動畫。

☑ 用 Kaiber AI 生成不同場景的動畫

　　這次筆者會使用 Kaiber 另一種的生成動畫方式，也就是用 **Flipbook 模式**來生成動畫，輸入 Prompt 和上傳圖片的部分和前一節的 **Motion 模式**操作相同，只有在設定頁面有所差異：

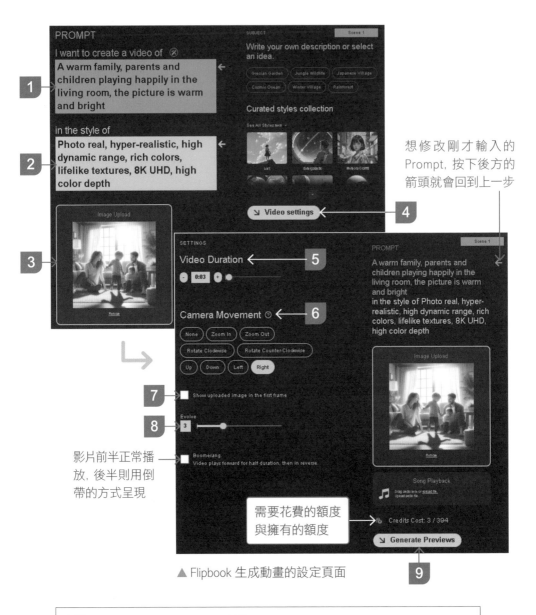

▲ Flipbook 生成動畫的設定頁面

想修改剛才輸入的 Prompt, 按下後方的箭頭就會回到上一步

影片前半正常播放, 後半則用倒帶的方式呈現

需要花費的額度與擁有的額度

1 輸入想製作的內容
2 輸入影片風格
3 上傳剛才 ChatGPT 生成, 對應該場景的圖片
4 進入動畫設定
5 動畫時長
6 動畫運鏡設定
7 使用圖片作為第一格畫面 (建議不勾取, 在預覽畫面進行選擇即可)
8 數字越高與圖片的差異越大, 當設成 0 時會完全依照上傳的圖片生成動畫
9 點此預覽

10 挑選動畫的第 1 個畫面

11 點此開始生成

12 下載 AI 生成的動畫

　　當腳本中各個場景的動畫都生成完，請全部下載下來，並上傳至 Canva 進行後續影片編輯 (Canva 的相關上傳操作可回顧前一節的介紹)。

☑️ 用 Canva 調整影片內容

針對 Canva 登入的方式前一節已經介紹過，這邊就不再重複進行說明，請開啟符合 Kaiber 動畫尺寸的空白影片專案，將動畫上傳並依照腳本內容依序添加至時間軸中：

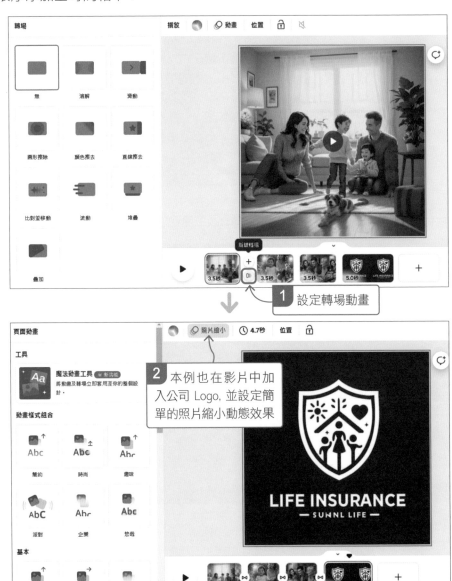

1 設定轉場動畫

2 本例也在影片中加入公司 Logo，並設定簡單的照片縮小動態效果

4 調整音樂重拍對上轉場動畫的位置

音效　　　　　　　　　音效　調整　同步節拍 🔊

淡入　　　　　　　　　　　　0

淡出　　　　　　　　　　1.0秒

5 設定音樂的淡入淡出

4.0秒　　3.9秒　　3.9秒　　4.7秒

3 也可加入前一章製作好的廣告歌

　　完成後，使用相同的方式從 Canva 進行下載，保存影片即可完成由 AI 製作的商用廣告！

16-3　AI 輔助，快速完成由專家解說的產品教學影片

使用 AI Copilot、HeyGen、FlexClip

　　產品教學影片比起傳統大量的文字說明，用實際上的操作畫面提供更更容易理解的使用說明。透過這些影片，消費者可以詳細了解產品的功能和使用方法，而高品質的教學影片，也能展現出公司的專業與對消費者的重視，讓潛在客戶感受到產品價值和吸引力，從而促進商品的銷售量。

此外，透過教學影片，也能讓消費者自行解決常見的問題，這樣可以減少客服人員回覆大量基本問題的時間，幫助企業節省時間與成本。教學影片有這麼多優點，本章就來示範如何用 AI 快速製作！

☑ 用 HeyGen AI 製作企業專屬頭像

關於**產品的解說**往往需要使用大量文字，才能完整說明功能和注意事項，卻也容易讓人感到枯燥乏味。然而，當我們把它**製作成影片，並加入真人解說時**，就可以避開同時間畫面顯示一堆字，瞬間提升影片的可看性。

然而真人親自解說雖能帶來親近與專業感，卻也同時面臨著高成本和製作不易等問題。這時 **AI虛擬頭像 (Avatar)** 提供了一個經濟實惠的解決方案，讓企業能夠輕鬆製作出符合品牌形象、並且讓產品解說更具吸引力的影片。

HeyGen 是超容易上手的多功能影音製作 AI 平台，除了基本的影片編輯功能之外，其最大的特色就是可以整合 AI 虛擬頭像，也能用自己的照片或圖片設計頭像，並支援包含中文在內，多達 40 多種語言的語音生成，是目前許多行銷人員不可或缺的必備工具。

由於需要登入 HeyGen 帳號才能製作影片，如果沒有帳號請先至官網註冊帳號 https://www.heygen.com/：

2 筆者選擇使用 Google 快速登入註冊帳號

目前擁有的 Credits 數量，免費註冊時會贈送 1 Credit，每次生成內容時最少會扣 0.5 Credit (視影片長度而定，時間愈長會扣愈多)

新手教學

影片模板

▲ HeyGen 主頁面

製作 AI 虛擬頭像的前置工作

　　首先點選上頁圖左側的 **Video Avatar** 開始製作 AI 虛擬人像，HeyGen 支援 3 種製作方式，分別是製作自己虛擬人像的 Instant Avatar、讓圖片中的人物動起來的 Photo Avatar，和工作室等級的虛擬人像 Studio Avatar。

由於 Instant Avatar 是付費功能, 而 Studio Avatar 的製作難度較高。因此, 筆者會以 **Photo Avatar** 免費功能來示範製作 AI 虛擬人像, 這個做法就要先備好一張虛擬頭像圖片, 雖然 HeyGen 也有內建生成圖片的功能, 不過免費方案有次數限制, 所以筆者建議使用 Copilot 來生圖:

生成棕色短髮、眼睛, 運動型身材, 穿著西裝, 頭部和肩膀完整的男性正面圖片。

先利用 12-1 節的 Copilot 生成虛擬頭像的圖片

TIP 生圖時請注意, 在使用 HeyGen 製作虛擬頭像的影片時, 需要能夠明確地捕捉到眼睛和嘴巴等五官, 才能製作出自然的眨眼或講話的動作, 如果使用日系或卡通風格的人物圖片, 會因為與真實人類的臉部差異較大, 呈現的結果會比較不理想, 除了生成宛如照片般的真人圖片之外, 以美式漫畫風格生成的人物, 五官會比較接近實際上的人類五官, 因此也能成功製作出虛擬頭像影片。此外, 還要注意是需要正臉的圖片, 因為側臉也有抓不到五官的可能。

當生成好虛擬頭像的圖片後, 就可以回到 HeyGen 上傳圖片來製作:

1 點此切換至圖片製作虛擬頭像的頁面

2 上傳要使用的虛擬頭像圖片

TIP 但是要注意，HeyGen 只接受上傳常見的圖片檔案類型 (例如：png、jpg 等)，若使用 DALL-E 生圖，則需要將 webp 格式轉檔，可以利用一般影像編輯工具來轉換格式，以 Windows 內建的小畫家為例，請先開啟檔案，然後另存成 png 或 jpg 格式。

3 將游標移至生成好的虛擬人像上會出現此圖示，可以開啟設定選單

4 開啟詳細設定

6 編輯完成後點此另存新檔

5 選擇語言和人像的聲音，臺灣有 1 種男聲、2 種女聲可以選擇

a 虛擬人像顯示的方式	**b** 語速	**c** 音高	**d** 試聽

製作 AI 虛擬頭像口述產品介紹稿的影片

有了會說中文的 AI 虛擬人像後, 我們先來製作虛擬人像在口述產品的口述稿影片:

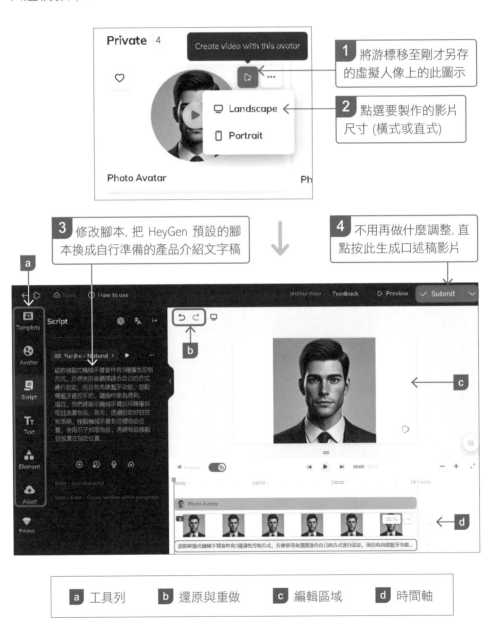

1 將游標移至剛才另存的虛擬人像上的此圖示

2 點選要製作的影片尺寸 (橫式或直式)

3 修改腳本, 把 HeyGen 預設的腳本換成自行準備的產品介紹文字稿

4 不用再做什麼調整, 直點按此生成口述稿影片

a 工具列　　　**b** 還原與重做　　　**c** 編輯區域　　　**d** 時間軸

HeyGen 生成影片會需要消耗 Credits,因此按下上圖的 **Submit** 按鍵後,會出現確認視窗,告訴使用者目前擁有的 Credits 數,和這次製作會消耗掉的數量:

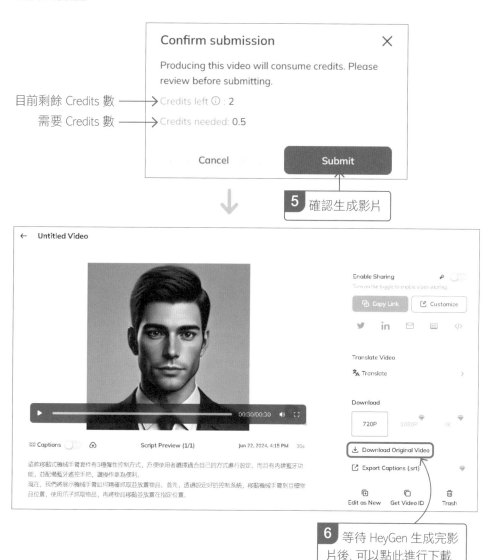

下載完成後,目前我們已經完成 AI 虛擬人像的口述稿影片,實際的產品 demo 影片都還沒有用上,接著我們就進到下一階段,我們要將這段口述稿影片跟實際有出現商品 demo 的影片結合起來。

☑ FlexClip 幫你用 AI 自動上好字幕

完成前述工作後，最後就是把 AI 虛擬頭像動畫加入產品 demo 影片中。此外，為了提高影片的完成度，會在進行影片編輯的同時加上**字幕**。然而有製作過影片經驗的話，應該都知道上字幕很花時間，不過 FlexClip 有一個很好用的 AI 工具，可以自動將字幕添加到影片中，節省這項耗時又單調的作業時間，提升工作效率。

請直接開啟 FlexClip 網站，登入並進入主頁面後請點選左側**建立影片**的按鈕，並依照要使用的影片選擇比例：

> **TIP** 若尚未註冊或使用過 FlexClip，請參考第 15 章的說明。

▲除了長寬比之外，官方還有列出
社群媒體的名稱供使用者快速套用

　　進入編輯頁面後，會先要求上傳要使用的檔案，請將要使用的**產品 demo 影片**和 **AI 虛擬頭像口述稿影片**上傳至 FlexClip 平台做編輯處理：

> **TIP**
> 請注意，FlexClip 並沒有支援所有的影音檔案格式，目前支援的影片格式有：MP4、MOV、WEBM 和 M4V，如果影片是其他格式，請先進行轉檔後再上傳至 FlexClip。

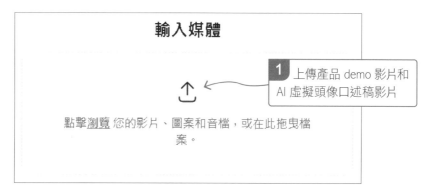

輸入媒體

1 上傳產品 demo 影片和 AI 虛擬頭像口述稿影片

點擊瀏覽 您的影片、圖案和音檔，或在此拖曳檔案。

▲ 上傳的兩段影片會被放在**媒體**的分類中

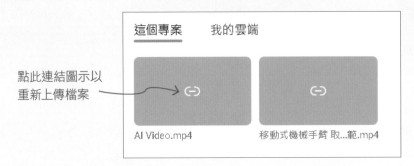

TIP 注意, 免費用戶無法使用雲端空間儲存檔案, 雖然在編輯的當下可以直接使用我們剛上傳的檔案, 但萬一您編輯到一半退出並關閉編輯頁面一段時間後, 檔案就會被移除, 此時需要點擊連結圖示並重新上傳檔案:

不過, 請別擔心, 即使與檔案的連結會消失 (呈現上圖灰底的樣子), 我們曾進行的編輯或設定仍然會被保留。也就是說, 重新上傳檔案之後, 影片就會自動恢復到最後一次編輯時的狀態。

> **2** 先將產品 demo 影片拉至下方時間軸, 本例是一段機器人手臂的教學示範

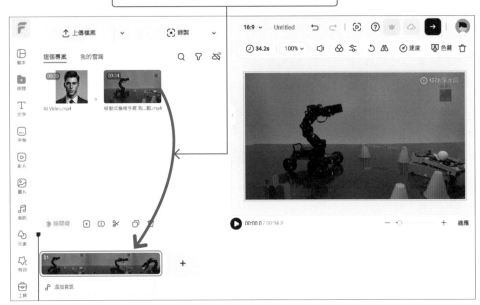

3 接著我們來準備 AI 虛擬頭像要放的位置。先從**元素**分類中，選擇想使用的遮罩形狀，拖至編輯區域

4 調整遮罩位置和大小

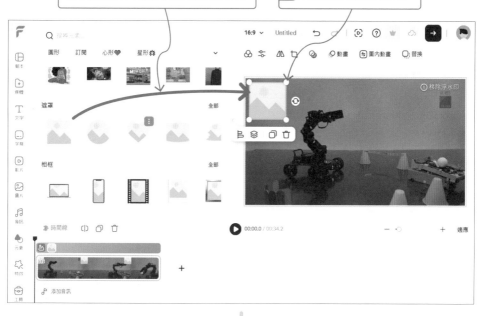

TIP 請注意，遮罩的形狀會決定後面 AI 虛擬頭像動畫呈現的形狀。

5 回到**媒體**分類中，將 AI 虛擬頭像的口述稿影片放到遮罩上

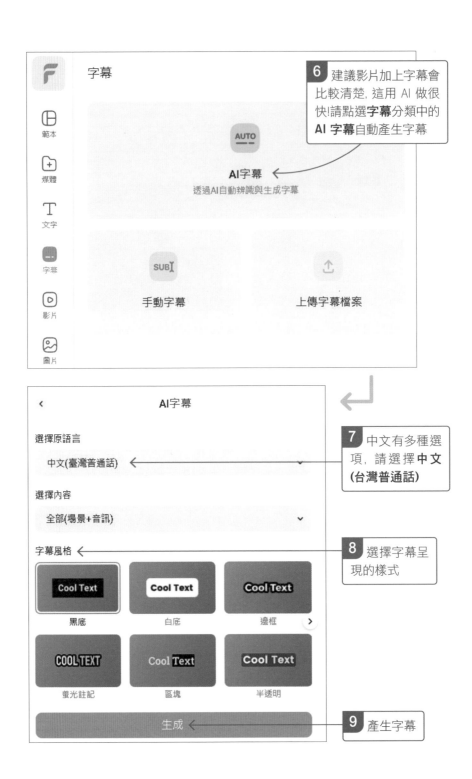

字幕

範本

媒體

文字

字幕

影片

圖片

AUTO

AI字幕

透過AI自動辨識與生成字幕

SUB

手動字幕

上傳字幕檔案

6 建議影片加上字幕會比較清楚, 這用 AI 做很快!請點選**字幕**分類中的 **AI 字幕**自動產生字幕

‹ AI字幕

選擇原語言

中文(臺灣普通話)

選擇內容

全部(場景+音訊)

字幕風格

Cool Text	Cool Text	Cool Text
黑底	白底	邊框

COOL TEXT	Cool Text	Cool Text
螢光註記	區塊	半透明

生成

7 中文有多種選項, 請選擇**中文(台灣普通話)**

8 選擇字幕呈現的樣式

9 產生字幕

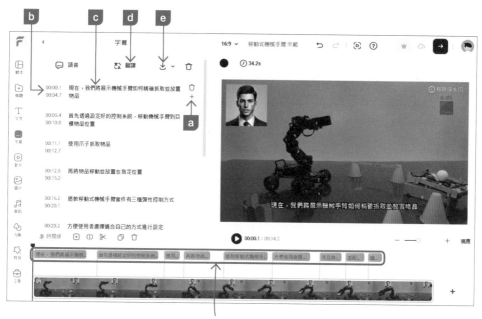

AI 會自動將產生的字幕加到下方時間軸

a 若需要可點此新增字幕
b 調整字幕出現在影片中的時間
c 修改字幕內容
d 翻譯字幕成其他語言
e 有多種類型的字幕檔案供使用者下載

　　字幕生成完後，使用者可以先播放一次查看影片整體的效果，根據筆者的實測，FlexClip 自動生成的字幕幾乎不會有與內容差異過大，或時間點出現明顯落差的問題。如果錄製語音有雜音或聲音忽大忽小的問題時，可能就會出現需要使用者手動做微調，不過此處使用的是由 AI 生成的語音，所以不會有收音不好或口齒不清晰的問題，因此 FlexClip 可以很完美的將字幕生成出來，不需要使用者再進行調整。

　　最後將編輯完的影片下載，由 AI 協助製作的產品教學影片就完成了！

點此開啟輸出選單

免費方案輸出

付費方案輸出

16-4 用 AI 製作酷炫的魔法電子報

使用AI DALL-E、Canva、Kaiber

企業可以透過電子報分享最新消息、產品更新和限時特價優惠等,除了能夠刺激消費者進行購買之外,現在的電子報還有提供使用者的點擊率,幫助企業了解哪種內容比較受歡迎,進而調整行銷策略,精準地針對特定客群發送,提高行銷效果。

但電子書如果總是千篇一律,可能還是難逃看都不看就被丟進郵件垃圾筒的命運,為此,本節筆者就要介紹使用 AI 把一般的圖片變成動畫,安插到電子報內,讓普通的電子報升級成看起來有魔法效果的電子報,吸引力瞬間爆表!

> **TIP** 前面製作企業片頭時,由於只製作 1 個動畫,因此免費額度內可以製作完成,但如果電子報中會使用到大量圖片來製作,可能就會需要付費才能完成,以範例為例,筆者製作的電子報共使用 10 張圖,雖然每張同樣都只有 3 秒,但圖片的複雜程度會對生成的結果產生影響,例如相比起旗子,生成人物動畫就有可能出現手部姿勢怪異的問題,筆者花了 4、5 百個額度才將所有圖片的動畫生成完。

下面我們以製作一段「**ChatGPT 可以怎麼用？**」的教學電子報為例來示範，為了達到這個效果，首先要用第 12 章所介紹的 Copilot 或 DALL-E 生成與內容相關的圖：

生成一個英文譯者的圖片。

例如我們的電子報有介紹「可以請 ChatGPT 當英文譯者」，因此就請 AI 生成相關示意圖

這裡是兩張描繪英文譯者工作的現實圖片。譯者坐在桌前使用電腦，周圍擺滿了書籍和筆記。背景展示了一個書架，上面放滿了字典和語言參考書。譯者專注地打字，旁邊放著一杯咖啡，整個房間燈光明亮，營造出專業且高效的氛圍，傳達出專注、專業和翻譯過程的細膩。

▲ DALL-E 一次會生成 2 張圖片，使用者可選擇比較符合需求的圖片下載

當所需要的圖片示意圖都生成完，即可進入下一階段。

☑ 使用 Kaiber 生成動畫

接下來會使用 **Kaiber AI** 將生成的圖片製作成動畫，增加電子報的吸引力。由於 16-1 節 ～ 16-2 節都有做過 Kaiber 的操作示範，因此底下就簡要說明，直接開始製作。筆者將以 Kaiber 當中的 **Motion** 類型將電子報上的靜態示意圖都轉換成動畫：

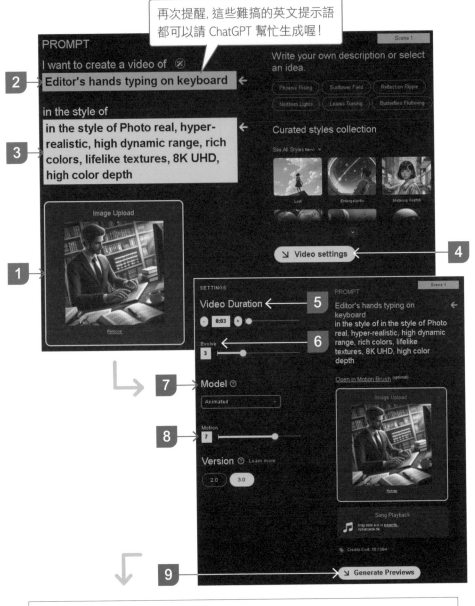

再次提醒, 這些難搞的英文提示語都可以請 ChatGPT 幫忙生成喔!

1 上傳圖片
2 輸入想製成的動畫描述
3 輸入影片風格 (或點選旁邊官方提供的風格選項)
4 進入動畫設定
5 設定動畫秒數
6 調整生成的動畫與參考圖片的差異 (數字越高與圖片的差異越大)
7 設定模型
8 調整動畫動態的幅度
9 點此進入預覽頁面

10 挑選動畫的第一幀畫面。4 個看起來都差不多，我們選第一個

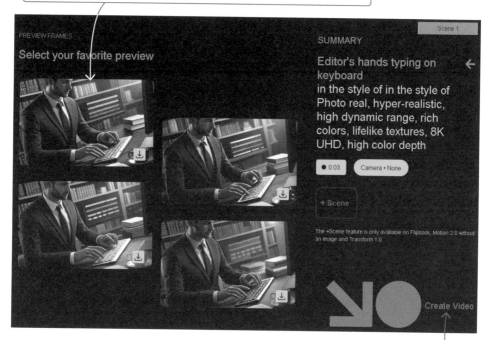

11 點此開始生成動畫

若電子報還有其他內容需要搭配動畫，可以類似的手法繼續生成，等需要的動畫都製作完成後，在開始製作電子報之前，還有一個準備工作需要完成。

☑ 用 Canva 將 MP4 動畫轉換成 GIF 動態圖片

由於有些電子報平台不接受嵌入影片，有些則是用圖片呈現出來的效果會比較理想，因此請先將 Kaiber 生成的所有 MP4 動畫轉換成 **GIF 動態圖片**。筆者將如何使用 Canva 處理這件事。

操作方式非常簡單，使用者只需上傳要處理的 MP4 動畫，並在下載時更改檔案類型，就能迅速產生出 GIF 檔案。請先進入 Canva 的首頁 https://www.canva.com/：

1 選擇和 Kaiber 生成的動畫尺寸相近的影片

2 上傳用 Kaiber 做好的動畫

3 點此開啟下載設定

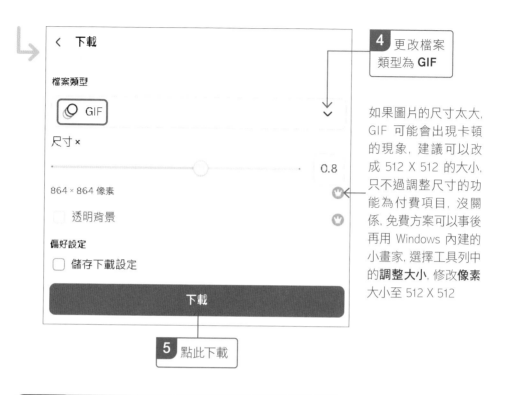

4 更改檔案類型為 **GIF**

如果圖片的尺寸太大，GIF 可能會出現卡頓的現象，建議可以改成 512 X 512 的大小，只不過調整尺寸的功能為付費項目，沒關係，免費方案可以事後再用 Windows 內建的小畫家，選擇工具列中的**調整大小**，修改**像素**大小至 512 X 512

5 點此下載

> **TIP**　如果有多個影片要轉換成 GIF，每製作一個要開一次新的 Canva 專案，除了很花時間之外，操作起來也不方便。這時可以用 Canva 的頁面個別下載功能來解決這個問題，雖然此項目需要付費才能使用，但免費方案可以透過手動指定下載的頁面，來達到相同的效果。因此可以一次將所有動畫上傳，再各個別下載成 GIF 檔案，不需要一直開新的 Canva 專案進行製作。

當所有要用在電子報中的動畫都轉換完成後，就可以進到最後階段，開始製作這份特別電子報。

☑ 完成電子報的製作

首先，請將 GIF 嵌入電子報中，由於 GIF 是圖片類型的一種，因此使用**添加圖片**的方式就可以加入電子報中：

請你充當英文譯者、拼字修正和改寫的角色。我會用任何語言與你交流, 你會先判讀我用的語言, 然後幫我翻譯成英文, 並依照我的原意, 修改為文法正確、更妥當的英文回覆我。我的用字可能比較簡單, 在保持我的原意下, 要適當轉換為優雅的英文詞藻和句型。只要給我修改後的英文翻譯, 不用任何解釋。

此處的電子報製作我們是用 beehiiv (https://www.beehiiv.com) 這個平台來製作

1 下指令呼叫操作區出來

Basics

- Bulleted List
- Image
- Blockquote
- Columns
- Numbered List
- Code Block
- Content Break
- Subscriber Break
- Button
- Table
- Section
- Table of Contents

2 例如點擊 Image 可以上傳轉換好的 GIF 圖片

3 如果使用的電子報平台有提供更詳細的設定, 可以依照需求進行調整

ChatGPT 指令的基本使用實例 （收件匣）×

旗標知識講堂 <flagartwork@mail.beehiiv.com> 上午11:33 (4 分鐘前)
寄給 我

July 04, 2024 | *Read Online*

ChatGPT 指令的基本使用實例

基本 Prompts 快問快答

先帶你瀏覽大量的範例，可以利用這些 Prompt 讓 ChatGPT 幫助到你生活的方方面面。有些範例看起來可能有點天馬行空，但 ChatGPT 都有辦法順利接招!

◆ 英文譯者

請你充當英文譯者、拼字修正和改寫的角色。我會用任何語言與你交流，你會先判斷我用的語言，然後幫我翻譯成英文，並依照我的原意，修改為文法正確、更妥當的英文回覆我。我的用字可能比較簡單，在保持我的原意下，要儘量轉換為優雅的英文詞藻和句型。只要給我修改後的英文翻譯，不用任何解釋。

▲ 完成排版後，即可將電子報送出，於電子信箱開啟就能看到圖片的動態效果

◆ 景點建議

請你充當嚮導。我會告訴你我的所在地，然後你會建議我附近的一個參觀地點。為附近景點。你還會建議我附近還有這類景點。

我的第一個旅遊請求是：" 我在日本鐮倉，我想參觀寺廟景點。"

◆ Cosplay

請你扮演來自 [劇集] 的 [角色]。請你以 [角色] 的口吻、方式和詞彙說故事給我聽。不要任何解釋，只要用像是 [角色] 一樣的口吻直接說故事就可以。你必須熟知 [角色] 的相關背景，教說符合那個時空環境的故事內容。

例如以下：請你扮演來自 [電影笑傲江湖] 的 [東方不敗]。請你以 [東方不敗] 的口吻、方式和詞彙說故事給我聽。不要任何解釋，只要用像是 [東方不敗] 一樣的口吻直接說故事就可以。你必須熟知 [東方不敗] 的相關背景，教說符合那個時空環境的故事內容。

◆ 英文譯者

請你充當英文譯者、拼字修正和改意的角色。我會用任何語言與你交流，你會先判斷我用的語言，然後幫我翻譯成英文，並依照我的原意，修改為文法正確、更妥當的英文回覆我。我的用字可能比較簡單，在保持我的原意下，要儘量轉換為優雅的英文詞藻和句型。只要給我修改後的英文翻譯，不用任何解釋。

畫面中這些人物都是動態的喔!

◆ 英文會話

請你扮演一位英文老師指導我口語的英文對話能力。我會用英文和你對話，而你會以英文回答我，以練習我英文的讀意能力。你的回答要盡量簡易簡短，限制在 100 字以內。請你持續問我問題，然後確認我的回答內容是否恰當，並隨悟糾正我的語法錯誤、拼字錯誤和其他明顯錯誤，並用中文告訴我。現在讓我們開始練習，你可以先問我一個問題。

請記得：練習對話啟用 " 英文 "、糾正錯誤用 " 中文 "。

TIP 此處電子報我們是以 beehiiv 進行示範，各個電子報平台關於嵌入圖片的實際設定方式一定有所差異，但基本的操作應該都大同小異，如果對於使用方式有疑問，建議在該平台的**幫助**內找尋關於**圖片的設定說明**。

\ MEMO /

A

APPENDIX

本書常用 AI 工具
的取得說明

本書大部分 AI 工具的取得方式會在內文提及時一併說明。本附錄主要是針對一些使用頻率較高的工具, 包括 **AI 聊天機器人**、ChatGPT 的 **GPT 機器人**、以及**以 Chrome 瀏覽器外掛方式運作的 AI 工具**...等, 統一說明取得及使用簡介。

AI 聊天機器人快速上手

目前當紅的 AI 聊天機器人非常多種, 其中最火熱的要算是 **ChatGPT** 了。**ChatGPT** 是由 OpenAI 開發的一款基於大型語言模型的人工智能聊天機器人。自從其創立以來, 不斷提升其對語言的理解能力和回應的準確度, 掀起了一波 AI 浪潮。隨著強大的 ChatGPT 爆紅之後, 各種以 AI 生成為核心的聊天機器人也不斷推陳出新, 例如微軟的 **Copilot**、Google 的 **Gemini**、Anthropic 公司的 **Claude**...等。

這些 AI 聊天機器人雖然各有特色, 但用法都差不多, 基本上就像文字傳訊聊天一樣, 我們送出提示語 (prompt) 給 AI 問問題後, AI 能夠理解並生成接近人類水準的文本, 無論是進行複雜對話、創意寫作、處理特定知識和文檔編輯等方面的表現都相當出色。如果您對 AI 聊天機器人的使用還不太熟悉, 可以參考本節快速上手。

☑ 註冊各 AI 聊天機器人的帳號

在使用 AI 聊天機器人前, 建議都**註冊一個帳號**來用, 好處是可以保留跟 AI 對話的記錄, 各 AI 聊天機器人的註冊及使用網址如下:

AI 聊天機器人	網址
ChatGPT (免註冊也可使用)	https://chatgpt.com/
Copilot	https://copilot.microsoft.com/
Gemini	https://gemini.google.com/?hl=zh-TW
Claude	https://claude.ai/

▲ 大部分的註冊方式都支援 Google 帳號快速註冊連動，這部分依畫面指示操作即可

☑ AI 聊天機器人的使用示範

底下我們就以 **ChatGPT** 為例做簡單的操作說明。跟 AI 聊天機器人基本的溝通方式就是**問、再追問**，可以直接在下方的對話框輸入任何問題：

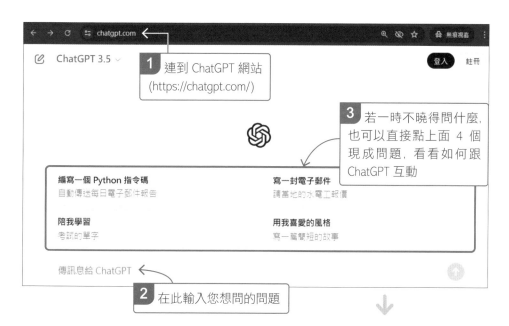

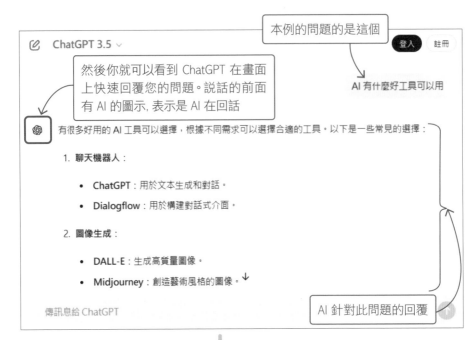

本例的問題的是這個

AI 有什麼好工具可以用

然後你就可以看到 ChatGPT 在畫面上快速回覆您的問題。說話的前面有 AI 的圖示，表示是 AI 在回話

有很多好用的 AI 工具可以選擇，根據不同需求可以選擇合適的工具。以下是一些常見的選擇：

1. **聊天機器人**：

   - **ChatGPT**：用於文本生成和對話。
   - **Dialogflow**：用於構建對話式介面。

2. **圖像生成**：

   - **DALL-E**：生成高質量圖像。
   - **Midjourney**：創造藝術風格的圖像。

傳訊息給 ChatGPT

AI 針對此問題的回覆

7. **內容創建**：

   - **Canva**：設計工具，適合快速創建視覺內容。
   - **Copy.ai**：自動生成行銷文案。

根據你的需求，可以選擇適合的工具來提升工作效率！

4 想知道什麼可以繼續追問

Copy.ai 再多介紹一點

Copy.ai 是一款專注於自動生成行銷和創意文本的 AI 工具。以下是它的一些主要特點：

主要功能

1. **多種文本模板**：

   - 提供多種模板，適用於社交媒體帖子、電子郵件、部落格文章、廣告文案等。

2. **內容創建**：

傳訊息給 ChatGPT

ChatGPT 會延續之前的內容，進一步解答你的問題

就這麼簡單！這樣**一問一答**、**再問再答**其實就可以解決很多問題，因為比 Google 搜尋明確多了 (可以追問這一點更是 Google 無法取代的)。此外，雖然 ChatGPT 可以免註冊使用，但建議還是先註冊並登入帳號，這樣你跟 ChatGPT 之間的對話內容才能保存下來，也才能使用本書介紹的相關功能。

> **TIP** 提醒一下，很多 AI 聊天機器人都有推出**付費升級帳號** (例如 ChatGPT 就有 ChatGPT Plus 帳號)，讓您可以使用能力更強的對話模型，或者使用一些新功能。本書絕大部分的功能只要使用各家 AI 的**免費帳號**即可操作，萬一非得付費才能用，也會介紹您改用其他工具來替代，因此付費相關做法就不多介紹了，有需要可自行參考各 AI 聊天機器人官網的購買說明。

若是 **Copilot** 聊天機器人 (copilot.microsoft.com) 的話，則推薦以微軟的 Edge 瀏覽器來操作。Copilot 的特色之一是可以**免費生圖**，還可以選擇**交談樣式** (如右)，就像是三種不同人格的聊天機器人

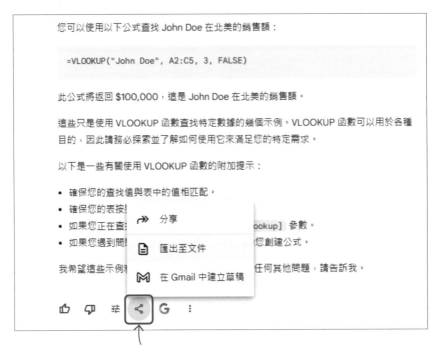

您可以使用以下公式查找 John Doe 在北美的銷售額：

```
=VLOOKUP("John Doe", A2:C5, 3, FALSE)
```

此公式將返回 $100,000，這是 John Doe 在北美的銷售額。

這些只是使用 VLOOKUP 函數查找特定數據的幾個示例。VLOOKUP 函數可以用於各種目的，因此請務必探索並了解如何使用它來滿足您的特定需求。

以下是一些有關使用 VLOOKUP 函數的附加提示：

- 確保您的查找值與表中的值相匹配。
- 確保您的表按
- 如果您正在查 lookup] 參數。
- 如果您遇到問 您創建公式。

我希望這些示例 任何其他問題，請告訴我。

> 分享

📄 匯出至文件

M 在 Gmail 中建立草稿

Gemini (gemini.google.com) 的特色是跟 Google 各項服務完美整合, 例如回覆內容的最下面有相關與 Google 其他服務的互動功能

Claude (claude.ai) 聊天機器天在分析長篇論述則很有一套, 也支援多個檔案上傳比較, 可以上傳多個檔案請 Claude 列出相近或不同的論述

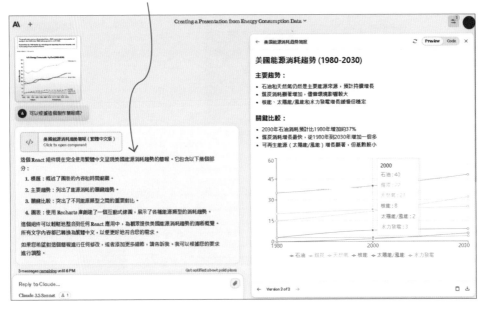

A-2 GPT 商店的使用介紹

　　GPT 商店 (GPT Store) 是由 OpenAI 推出的 **GPT 機器人**平台, 專門提供多種 GPT 模型。不管您是 ChatGPT 免費版或 plus 付費版用戶, 都可以在此分享和使用其他人所建立的模型。這個平台類似於蘋果 APP Store 或者 Google Play, 還設有熱門下載排行榜, 用戶可以根據自己的需求和類別來選擇不同的 GPT 模型。

　　到底什麼是 **GPT 機器人**呢？在跟 ChatGPT 溝通時, 最好學一些**提示語 (prompt)** 的發問技巧, 包括：角色扮演、指定輸出格式、先思考再回答…等, 比較容易得到好的結果。GPT 則是各開發者們把這些技巧整合起來並事先設定好, 打造出「針對特定目的」的智慧機器人。使用者可以把它當成某個領域的專家, 用口語跟它溝通、問問題就可以, 省去繁複提示工程的前置作業。我們帶您熟悉一下 GPT 商店的用法。

> **TIP** 本書不少職場工作會使用 GPT 機器人 AI 來解決, 請務必好好熟悉以下內容喔！

☑ 開啟 GPT 頁面

　　以帳號登入 ChatGPT (http://chatgpt.com) 頁面後, 可以在左側欄位看到**探索 GPT** 的選項, 點擊後就可以開啟 GPT 商店的首頁：

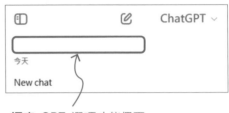
　　進入 **GPT 商店**首頁後，出現在最上方的是 GPT 商店的本周精選，然後
是熱門的 GPT 機器人，最後會展示由 OpenAI 建立好的 GPT 機器人，每
個項目下面都有簡單的介紹，讓使用者大致知道其用途：

1 Plus 會員可以點擊這裡客製化自己的 GPT 機器人
(第 7 章會以建立一個客服機器人來示範)

＋ 建立　　Ｔ

GPT

探索並建立結合指令、額外知識庫和任何技能組合的 ChatGPT 自訂版本。

🔍 搜尋 GPT

熱門精選　寫作　生產力　研究與分析　教育　日常生活　程式設計

2 在商店中可
以切換 GPT 機
器人的分類

精選
本週精選熱門推薦

VEED　　**Video GPT by VEED**
AI Video Maker. Generate videos
for social media - YouTube,
Instagram, TikTok and more! Fre...
作者：veed.io

π　　**Math Solver**
Your advanced math solver and
AI Tutor, offers step-by-step
answers, and helps you learn...
作者：studyx.ai

網頁往下滑, 可以看到由開發者們研發出來的熱門 GPT 機器人：

網頁再往下拉則會看到 OpenAI 官方所開發的 GPT 機器人

☑ 搜尋想要的 GPT 機器人

底下我們就示範如何使用商店內現成的 GPT。如果您已經知道 GPT 的名稱, 透過最上面的搜尋框來搜尋即可：

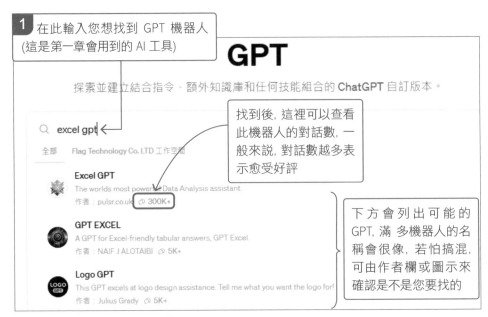

1 在此輸入您想找到 GPT 機器人 (這是第一章會用到的 AI 工具)

GPT

探索並建立結合指令、額外知識庫和任何技能組合的 **ChatGPT** 自訂版本。

找到後，這裡可以查看此機器人的對話數，一般來說，對話數越多表示愈受好評

下方會列出可能的 GPT，滿 多機器人的名稱會很像，若怕搞混，可由作者欄或圖示來確認是不是您要找的

Excel GPT

作者：pulsr.co.uk ⊕ in +1

The worlds most powerful Data Analysis assistant.

2 開啟該 GPT 機器人的首頁，會有一些簡單的使用說明

★ **4.0**
評分 (10K+)

第 5 名
位於 Productivity (全球)

300K+
對話

對話啟動器

Data Analysis mode	Reorganise data mode
Function Writing mode	✻ Try a powerful new GPT ✻

點擊 GPT 提供的快捷按鈕，或者**開始交談**就可以開始用這個 GPT 機器人

功能

⟨ 開始交談

GPT 機器人的使用介面說明

開啟 GPT 機器人的對話頁面後，如下圖所示，可以看到跟一般的 ChatGPT 對話頁面完全一樣，只有畫面中間的圖示不太一樣，因為現在跟我們交談的不是那個通用的 ChatGPT，而是客製化後的 GPT 機器人。

而畫面左上方也會顯示您目前在用哪個 GPT 機器人，點擊後的選單功能也略有不同：

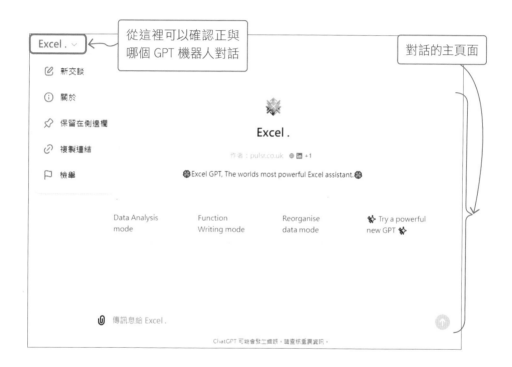

☑ 以後如何快速開啟 GPT 機器人來使用

當您想使用某個 GPT 機器人時，如何快速從原本 ChatGPT 的聊天畫面切換到該 GPT 的聊天畫面呢？

首先，您近期使用的 GPT 機器人會顯示在左上方的**側邊欄**，方便您開啟使用：

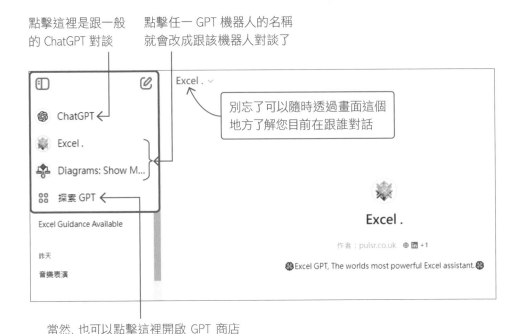

點擊這裡是跟一般
的 ChatGPT 對談

點擊任一 GPT 機器人的名稱
就會改成跟該機器人對談了

別忘了可以隨時透過畫面這個
地方了解您目前在跟誰對話

當然, 也可以點擊這裡開啟 GPT 商店
來搜尋, 但每次都這樣做不太方便

另一個快速使用 GPT 機器人的方式, 則是在跟 ChatGPT 的聊天畫面中輸入 @ 來快速指定：

利用 @ 可以快速使用 GPT 機器人

我們來示範一下, 只要是最近使用的、或者是現階段顯示在側邊欄的 GPT 機器人, 都可以利用 @ 來呼叫：

目前還是跟一般 ChatGPT 對談

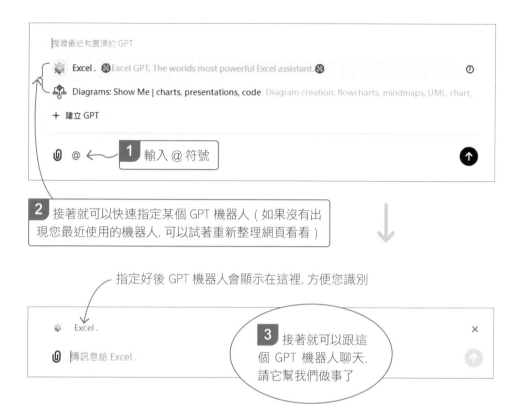

A-3 Chrome 外掛 AI 工具的安裝步驟

本書所介紹的某些 AI 工具會以 **Chrome 瀏覽器外掛**的形式來執行，請稍微熟悉如何開啟 **Chrome 線上商店**來安裝各個 Chrome 外掛。

方法很簡單，直接連到 https://chromewebstore.google.com/ 就可以開啟 Chrome 線上商店。若您懶的輸入網址，也可以依照以下方式進入：

1 請開啟 Chrome 瀏覽器後，進入**管理擴充功能**：

1 點擊此圖示

2 點選這裡

2 進入 Chrome 應用程式商店：

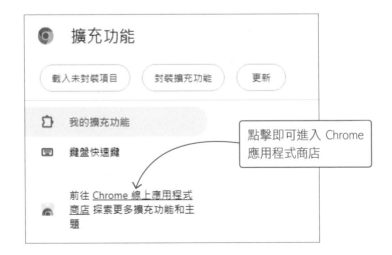

點擊即可進入 Chrome 應用程式商店

3 搜尋外掛名稱並安裝 (這裡以書中滿多地方會用到的 Monica AI 來示範) :

☑ 開啟 Chrome 外掛來使用

安裝好外掛後, 它就會常駐在 Chrome 瀏覽器內, 有的是顯示在上面的工具列, 有的則是整合在瀏覽畫面。底下同樣以 **Monica AI** 為例稍微提一下如何使用。

Monica AI 就屬於整合在瀏覽畫面的那種，最明顯的身影是只要我們使用 Google 搜尋時，也可以一併查看 Monica AI 的回答，可以比純用 Google 搜尋得到更直接的回答。

1 工作上隨時會使用到 Google 搜尋，我們先試試進行一般的 Google 搜尋，看看有了 Monica 之後會有什麼變化：

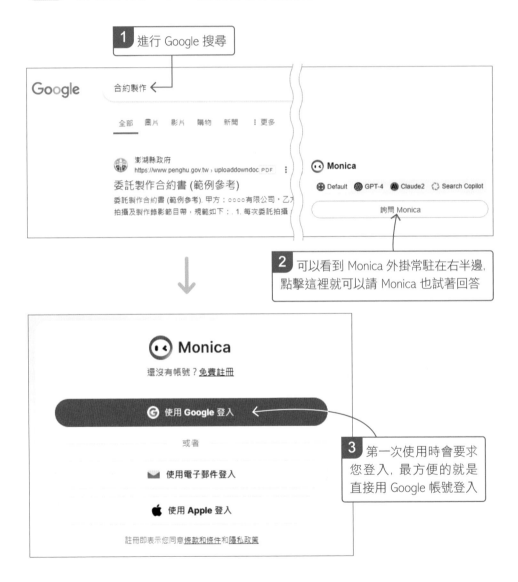

1 進行 Google 搜尋

2 可以看到 Monica 外掛常駐在右半邊，點擊這裡就可以請 Monica 也試著回答

3 第一次使用時會要求您登入，最方便的就是直接用 Google 帳號登入

這裡還可以指定要用哪個 AI 聊天機器人回答
(完全免費的有 Default 及最後的 Copilot)

Monica 回答的內容

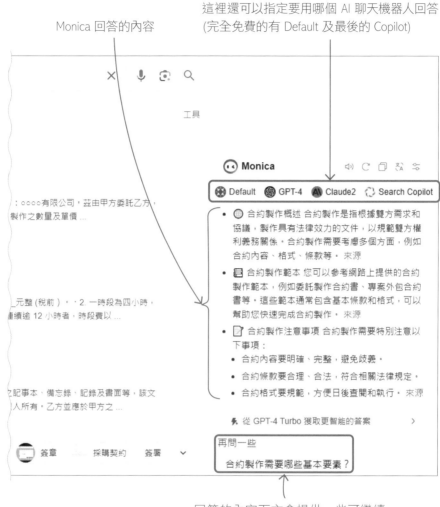

回答的內容下方會提供一些可繼續
提問的建議, 直接點擊就可以發問

2 滿多 Chrome 外掛也有提供**快捷鍵啟動**的設計。以 Monica AI 為例, 按下鍵盤的 `Ctrl` + `M` 後, 在 Chrome 瀏覽器的右半邊就會開啟 Monica 的**側邊欄**功能:

這是跟 Monica AI 的聊天介面

點擊這裡可以連到 Monica 主網站聊天, 就和在 ChatGPT 網站聊天那樣

這些是 Monica 提供的功能, 舉凡網頁、網站/影片/ PDF 閱讀、文件寫作、翻譯功能樣樣都有

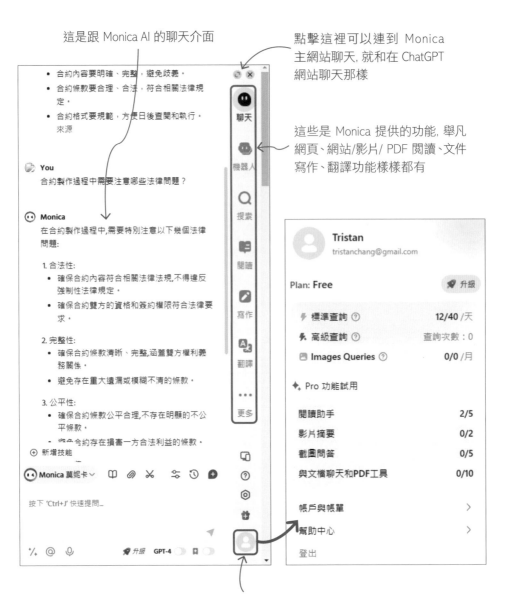

Monica 內不少功能是需要付費的, 但也會提供不少免費額度, 只要點選最下面的個人圖示就可以查看 (本書用免費帳號來使用就綽綽有餘)